U0939834

Birds and Man

By

William Henry Hudson

鸟和人

[英] 威廉·亨利·赫德逊 著

倪庆饩 译

中国大百科全书出版社

图书在版编目（CIP）数据

鸟和人 /（英）威廉·亨利·赫德逊著；倪庆饩译 .—北京：中国大百科全书出版社，2019.6

ISBN 978-7-5202-0503-0

Ⅰ.①鸟… Ⅱ.①威…②倪… Ⅲ.①鸟类—普及读物 Ⅳ.① Q959.7-49

中国版本图书馆 CIP 数据核字（2019）第 083356 号

出 版 人　刘国辉

策划编辑　李默耘

责任编辑　姚常龄

责任印制　李宝丰

出版发行　中国大百科全书出版社

地　　址　北京阜成门北大街 17 号

邮　　编　100037

网　　址　http://www.ecph.com.cn

电　　话　010-88390739

印　　刷　小森印刷（北京）有限公司

开　　本　880 毫米 × 1230 毫米　1/32

字　　数　180 千字

印　　张　9.375

版　　次　2019 年 6 月第 1 版

印　　次　2019 年 6 月第 1 次印刷

定　　价　56.00 元

让鸟儿带他去天堂

——倪庆饩先生与他的文学翻译（代序）

祝晓风

一

我从一九九一年九月认识倪庆饩先生，于今已二十九个年头，不算太长，可也不算太短。在这段时间里，我前前后后，写了长短不一的几篇文章，或是评介倪老师翻译的书，或是记述他的生平或和他有关的故事，总共大概有八篇：

一、《从柳无忌开始》，评倪译柳无忌著《中国文学新论》，发表于《博览群书》1995年第5期；二、《遥望小泉八云》，评《小泉八云散文选》，发表于《博览群书》1996年第5期；三、《译者倪庆饩》，评《高尔斯华绥散文选》《卢卡斯散文选》等，见于《羊城晚报》2002年8月1日；四、《有关柳无忌先生的书缘旧事——纪念柳无忌先生百年诞辰》，发表于《温故》第十一辑，2008年4月；五、《英国散文的伟大传统》，评戴维斯《诗人漫游记 文坛琐忆》，赫德逊的《鸟和人》，多萝西·华兹华斯的《苏格兰旅游回忆》和《格拉斯米尔日记》，发表于《读书》2012年第5期；六、《万里文缘 百年穿越——赫德逊〈鸟和人〉及倪译四种》，见于《人民政协报》2012年2月13日；七、《知识如水，智慧如光》，评赫胥黎《水滴的音乐》，发表于《光明日报》2017年3月28日；八、《倪庆饩》，发表于《随笔》2017年第5期。

其中，四和八的篇幅稍长，都有一万字。不过，这些文章，都是倪老师在世时写的。他去年过世之后，我并未写什么。最近，中国大百科全书出版社要再版倪老师的三本书，嘱我写几句。现在再写，就是第九篇了。我希望，这篇文章，能把对倪老师的思念写尽。

二

为了让不太了解倪老师的读者对他有个初步的了解，现在，我把手头儿现有的倪老师翻译的书，按出版时间列在下面。后期有不少书，其实译出的时间比出版时间要早十年或者更早。

1.《英国浪漫派诗选》，柳无忌、张镜潭编，江苏

教育出版社，1992年2月，倪庆饩译雪莱、济慈诗

2.《史蒂文生游记选》，［英］史蒂文生著，倪庆饩译，百花文艺出版社，1991年3月，17万字

3.《赫德逊散文选》，［英］威廉·亨利·赫德逊著，林荇（倪庆饩）译，百花文艺出版社，1992年7月，16万字

4.《中国文学新论》，［美］柳无忌著，倪庆饩译，中国人民大学出版社，1993年4月，20万字

5.《小泉八云散文选》，［英］小泉八云著，孟修（倪庆饩）译，百花文艺出版社，1994年1月，17万字

6.《驱驴旅行记》，［英］史蒂文生著，倪庆饩译，花山文艺出版社，1995年11月，15万字

7.《巴兰特雷公子》（小说），［英］史蒂文生著，周永启、倪庆饩译，百花文艺出版社，1995年12月，18万字

8.《普里斯特利散文选》，［英］J.B.普里斯特利著，林荇（倪庆饩）译，百花文艺出版社，1995年12月，15万字

9.《一个超级流浪汉的自述》，［英］威廉·亨利·戴维斯著，倪庆饩译，百花文艺出版社，1998年2月，18万字

10.《大海如镜》，［英］约·康拉德著，倪庆饩

译，百花文艺出版社，2000年4月，14万字

11.《高尔斯华绥散文选》，［英］高尔斯华绥著，倪庆饩译，百花文艺出版社，2002年1月，16万字

12.《卢卡斯散文选》，［英］卢卡斯著，百花文艺出版社，2002年4月，16万字

13.《鸟界探奇》，［英］威廉·亨利·赫德逊著，倪庆饩译，花城出版社，2003年4月，16万字

14.《我与飞鸟》，［加］杰克·迈纳尔著，倪庆饩译，百花文艺出版社，2006年4月，15万字

15.《爱默生日记精华》，［美］爱默生著，勃里斯·佩里编，倪庆饩译，东方出版社，2008年1月，14万字

16.《绿厦》（小说），［英］威廉·亨利·赫德逊著，倪庆饩译，东方出版社，2008年1月，18万字

17.《诗人漫游记 文坛琐忆》，［英］威廉·亨利·戴维斯著，倪庆饩译，云南人民出版社，2011年7月，14万字

18.《鸟和人》，［英］威廉·亨利·赫德逊著，倪庆饩译，云南人民出版社，2011年7月，13万字

19.《苏格兰旅游回忆》，［英］多萝西·华兹华斯著，倪庆饩译，云南人民出版社，2011年7月，15万字

20.《格拉斯米尔日记》，［英］多萝西·华兹华斯

著，倪庆饩译，花城出版社，2011年8月，17万字

21.《水滴的音乐》，［英］阿尔多斯·赫胥黎著，倪庆饩译，花城出版社，2016年5月，20万字

22.《海港集》，［英］希莱尔·贝洛克著，倪庆饩译，百花文艺出版社，2017年5月，8.7万字

23.《罗马行》，［英］希莱尔·贝洛克著，倪庆饩译，百花文艺出版社，2017年5月，12.5万字

24.《英国近现代散文选》，［英］威廉·亨利·赫德逊等著，倪庆饩译，河南大学出版社，约15万字，2019年即出

25.《少年行》，［美］华尔纳著，倪庆饩译，河南大学出版社，约15万字，2019年即出

26.《伦敦的鸟》，［英］威廉·亨利·赫德逊著，手稿，约16万字，未出版

上世纪八十年代至九十年代，散文热席卷全国。天津的百花文艺出版社领一时之风骚。当年，他们出了两套大型散文丛书，一是中国的，叫“百花散文书系”，包括古代、现代和当代。还有一个是外国的，叫“外国名家散文丛书”，两套丛书影响都很大。一九九一年时，就已推出第一辑十种，包括张守仁译的屠格涅夫，叶渭渠译的川端康成，叶廷芳译的卡夫卡，戴骢译的蒲宁，还有《聂鲁达散文选》《米什莱散文选》等，

第一辑中，《史蒂文生游记选》即为倪庆饩译。由此开始，百花每年推出十种中国散文，十种外国散文。百花主持此事的副总编谢大光，每年请倪老师翻译一本，连续若干年：第二辑《赫德逊散文选》，第三辑《小泉八云散文选》，第四辑《普里斯特利散文选》，而卢卡斯和高尔斯华绥两本，是在同一辑里一齐出版的，可见当年译者倪庆饩的热情与多产。

倪老师翻译这些作品，从选目开始，就有讲究。他不是抓着什么译什么，而是研究文学史，查找《牛津文学词典》等工具书，专找那些有定评的大作家的作品，而且是没有中译本的。所以，几十年下来，把倪译作品集中放到一起看，就会看出其独特价值：一是系统性，二是名家经典，三是填补空白，四是译文质量高。他觉得，有那么多一流作品还没有被翻译介绍到中国来，完全没必要扎堆去重复翻译那些大家熟知的作品，尽管那些作品会更卖钱。倪老师曾对我不止一次说过，与其自己创作二流甚至三流的所谓作品，不如把世界一流的作品翻译过来，更有意义。如果没有倪庆饩的译介，这些英美一流作家的散文经典，一般中国读者很有可能至今都不会读到。

倪老师已经翻译的作品，以英美散文为主，其中，又以英国散文最为集中。这个“美”，不仅指美国，也指北美，也就包括加拿大。这其中，又有四本关于鸟类的书，自然引人注目。译者大概是真正体会到了赫德逊、迈纳尔对鸟类的那种感情。在大自然中，大多数鸟对人是无害的，其中许多还是有益的。又因为大多数鸟都很美，有观赏性，而且能飞，就比草木更多了几分灵动，与走兽比，则更多了轻盈与超凡脱俗的气质。鸟，不论在东方还是西方，自古就寄托了人类飞翔的梦想。大雁、夜鹰、红雀、银鸥，她们是串联草木、湖泊和天空的朋友，是森林的精灵，也是天空中飞翔的天使。倪老师早年在给我的一封信中说，他所有的译作都贯彻一个宗旨，“即追求自然与人的精神的sublime”。这sublime，是崇高，是超凡，是升华，是向上的飞升。显然，没有什么比美丽的鸟儿更能寄托这种追求了。

《我与飞鸟》的作者迈纳尔（1865～1944）是加拿大的一位博物学家，也是一位严谨的科学家。作者在书中记叙了他建立金斯维尔鸟类保护区的过程，包括一些技术的细节。全书的重点是写大雁和野鸭这两种候鸟的几章，从营巢、交配、产卵、孵化、驯养，以至套环、迁徙等过程都有详细的记载。译者认为，这不但是迈纳尔创造性的经验，也是极其有价值的科学实验记录，比如现在已搞清楚的它们的迁徙路线，它们营巢与交配的方式。“他一度是以一个猎人的眼光去看大自然中的生物，对他来说，它们只是一种猎物，可供美餐，也有经济价值，但他后来渐渐认识到鸟类的可爱，使他的自然观有了根本的转变，结合宗教尊重生命的观点，从猎人转变为自然保护者，这个过程以及其间发生的故事不但对广大读者具有积极的教育意义，也读来兴趣盎然。”

而对另外两本书《鸟界探奇》《鸟和人》的作者威廉·亨利·赫德逊，译者倪庆饩是这样评论的：

赫德逊写的是文学的散文而不是科学的鸟类志。他写鸟当然要写鸟的形态，生活习性，如觅食、育雏、迁徙，等等，这通常是我们在鸟类学的专著和科普作品中也可以读到的。赫德逊的散文与这类自然科学性的著作不同的是，他从来不是孤立地写鸟，而首先是把鸟和它们生存的自然环境结合在一起，把我们带到许多风景优美的地方，如森林、海滨、郊野，使我们接触到许多如画的景色，因而我们看到的鸟不是博物馆中的标本而是鲜活的野生鸟类，随着他的笔触我们几乎游历了英国西南部的整个地方，如索姆塞特郡、汉普郡、威尔特郡、苏莱郡、苏塞克斯郡等，例如本书中的萨维尔纳克森林就在威尔特郡，他描写那里的古老参天的山毛榉林和在那里生息的成千上万的鸦科鸟类，在作者的笔下，使这种平时不怎么可爱的飞鸟也带上了诗情画意。这决定了赫氏散文的一个根本特点，即他往往是以审美的眼光而不仅是以科学的眼光来看鸟类世界。

同样鲜明的是，在赫德逊的笔下，鸟类不仅与它们生活的自然环境不能分割，同时也与它们生活的人文环境不能分割。他写鸟和人以至他们家庭相关的故事，许多飞鸟生存的教堂、墓园、旧宅等建筑物和古迹，穿插着许多咏鸟的诗歌以及有关鸟的传说，使读者明显地感觉鸟和人的密切关系。

批评家爱德华·加尔奈特指出：赫氏作品令人神往的地方是他从不把大自然的生命跟人的生活截然分开。读者如果阅读了《鸟和人》或赫德逊的其他作品，都会深深体会到这一点。从这两个方面看，赫德逊的散文本质上可以说是游记，《鸟和人》也是如此，只是这是一种融合了科普、博物学的游记，或者说是有着深深的人文情怀的博物学美文。《鸟界探奇》还讲了许多鸟和人的故事，赫德逊说："对待飞鸟一定要顺从他们的天性，鸟也像人一样，自由超过一切。"译者则从中读出，这些故事使赫氏的书超越了科普读物的局限，具有鲜明的人文意义。

一九〇一年，《鸟和人》出版。一九三五年，中国著名作家李广田在他的《画廊集》中，专文写到赫德逊和他的这本书（《何德森及其著书》）。——他们那一代作家，与世界文学声气相通。《画廊集》一九三六年三月在商务印书馆初版，属文学研究会创作丛书之一。又过了六十年，到上世纪九十年代中期，倪庆饩教授根据一九一五年第二版译出《鸟和人》。因为机缘巧合，出版《李广田全集》的云南人民出版社，想找合适的译者来翻译此书。他们通过李广田的女儿，问到我。这当然是个惊喜。《鸟和人》，还有《苏格兰旅游回忆》和《诗人漫游记 文坛琐忆》，那厚厚的几大摞手写的稿子，一直被裹在几个大文件袋中，寂寞地躺在译者的书桌里，这次终于等来了知音。二〇一一年，《鸟和人》中文版出版。经过几代人，跨越万里，穿越百年，这部散文经典化身汉语在东方世界出版，赫德逊洒脱的文笔，博大的情怀，通过优美的汉语译笔呈现了出来。这当然令人感慨。这既是中国读者之幸，可以说也是赫德逊之幸和英国文学之幸。

三

如果从一九四七年倪庆饩翻译发表希曼斯夫人的诗《春之呼声》算起，他的翻译生涯长达七十年。那时的倪庆饩还是上海圣约翰大学的一名学生。倪老师多年后能翻译英美那些大作家的作品，而且，对这个事情常年保持热情，与他当年在圣约翰大学所受教育关系很大。在圣约翰的那几年，倪庆饩接受了最好的英语教育，特别是古典英语熏陶多年。他直接听得是王文显、司徒月兰等人的课。除了语言学习，在英语系，他上得最多的是文学课，课程按专题设立，如莎士比亚专题课、英诗专题课、小说专题课等，这使倪庆饩系统、深入地了解了英语语言文学史上的重要作家、作品。倪老师曾说过，“司徒月兰教过我的英语基础课，她的英语发音挺好听的，讲得地道而流利。王文显教的是莎士比亚专题课，他讲课不苟言笑，却有一种温文尔雅。而英诗、小说这些专题都是外籍教师教，他们的英语素养就不用说了，真是原汁原味”。

倪老师的外语修养，不限于英语。他曾对我讲，俄语、德语，他也能读，日语，他也粗通，因为他上小学中学的时候，就被迫学了日语。这些，都为他日后的翻译提供了条件。一些原著中涉及的俄语、日语方面的问题，他都能直接解决。

一九四九年大学毕业后，倪庆饩曾在北京待过一段，在某对外文化交流部门短暂任职。后因患肺病而被迫离职回湖南老家养病。一九五三年，他到湖南师范学院任教，开始是在中文系教外国文学。十余年的教学与研究，让他“打通”了欧洲文学史的“脉络”，这对文学翻译工作来说是极为重要的。他当时在教学之余，也偶尔搞一些翻译，但他自称都是“零碎不成规模”。再后来，“文革”浩劫袭来，他在中文系教的外国文学课被批判为“公然宣扬资产阶级人道主义”。

于是，温文尔雅，还喜欢在课堂上高谈阔论人道主义，而不知“阶级斗争”为何物的倪庆饩，只得转到英文系教语法了。起初，中文系的学生还追着他将大字报贴到外文系，但毕竟，那些枯燥的“主语、谓语、宾语、动词、名词……”逐渐为他筑起了临时“避风港”。“文革”的遭遇，让倪老师多年后一直心有余悸，他因此得了一个教训：就算只是安守本分搞文学研究和翻译，也保不准哪天会被扣上莫名其妙的“帽子”。此后，他的为学处世变得更加低调，他时常暗暗告诫自己“不要出风头”。

上世纪七十年代末期，倪老师调到南开大学外文系任教。八十年代以后，开始了他大规模系统的翻译。

他的翻译，完全手工。第一遍用铅笔或蓝色圆珠笔初译，写出草稿，会写得较乱，改得密密麻麻；然后誊清，对着原书，用红笔再修改一遍；然后再用钢笔誊清。如是，至少三遍。最后一遍字会比较工整，因为是要出手的东西了。一部十几万字的书，相当于他要至少抄写四五十万字。这几十摞文稿，总计近四百万字，都是他一笔一画，一字一句，一遍一遍地写，誊，精心打磨出来的。

正常状态下，第一遍初译，倪老师平均每天能译两三千字。如果身体状态好，其他各方面又没有什么牵扯，原作又不是很难，那么，一部十五万字的书，两个月左右可以完成初稿。但多年以来，大多数时候，一部书的翻译时间要更长一些。

不过，作为译者，碰到赫德逊《鸟界探奇》这样的书，仍然意味着一种挑战。这些关于鸟的散文、游记，内容广涉自然，博物学、动物植物方面的专业名词，对译者也是陌生的领域。他一个老人，就跑图书馆，一个词一个词地查词典，找各种工具书来解决。这些，都需要大量的时间。

他愿意花这么大的力气来译这些书，当年在我看来，实在有点儿不太理解，因为书的内容与我们实在有点儿远，与我们的实际生活搭不上边儿，又不被我们以前的知识教育所关注，于我们的世俗谋生更是一点儿用处没有。而这其中，又数赫德逊写鸟的书，更让我觉得没用——想想，自己是多么的庸俗和目光短浅。但倪老师特别有热情。这主要是因为，他真的是喜欢赫德逊的散文，喜欢赫德逊这些关于鸟的描述和审美。这应该是与他内心的某些方面十分契合。他在赫德逊的文字中，在迈纳尔的文字中，在他们对鸟儿的生活的描述中，找到了一种不同于凡世的别样的生活。那也许是他向往的。他一辈子在尘世中躲避，挣扎，沉默，小心翼翼，守着自己的一份善良与职业尊严。而在这些作品中，他能找到自由与美，在那漫长的翻译工作中，他能感到自如与自信，在这种自如与自信中，他感到了力量。那些年，他曾不止一次，当面和我说起他翻译这些书的不易，要查各种工具书，为了一个名词，都要花费很多时间。但同时，我又能在他的诉苦中，感到他的一种满足。他是在自讨苦吃，但是，他在这苦中找到了只有他一个人享受的甜。他最开心的时候，就是他拿到新出版的书的那天。他在这辛勤的工作中，得到了莫大的乐趣。

倪老师倾注到译作中的心血和功力，完全地体现在译文、注释和译后记中。注释，体现了译者的水平和认真。译作中，对原著涉及的外国人名、地名、事件，西方文化的背景等都做了注解，对理解译文有相当帮助，注所当注，精到、简洁、要言不繁。他所写的序言或译后记，本身就是一篇篇文艺随笔，信息丰富，评论作家作品简洁、中肯、有见地。读者可以从赫德逊《鸟和人》《鸟界探奇》和迈纳尔《我与飞鸟》的译后记中，印证我的观点。

虽然倪老师所翻译的，都是自己所喜爱的作家的作品，但他并非对其一味赞美，对其得失，他有自己的独到见解。比如，他对卢卡斯的看法是："他写得太多，有时近于滥，文字推敲不够，算不得文体家，但是当他写得最好的时候，在英国现代散文史上占有一席地位是毫无疑问的。"而对于自己十分推崇的小泉八云（原名拉甫卡迪沃·赫恩），译者认为："我并没有得出结论说赫恩的作品都是精华，他的作品往往不平衡，即使一篇之中也存在这种情况，由于他标榜搜奇猎异，因此走向极端，谈狐说鬼，信以为真，这样我就根据我自己的看法有所取舍。"他对作家的评价，都是从整个文学史着眼，把每个作家定位，三言两语，评价精当。比如他认为，史蒂文生"作为一个苏格兰人，他把英格兰与苏格兰关系上的许多重大历史事件作为他的历史小说的背景，在这方面，他的贡献堪与司各特相提并论。奠定他在英国文学史上的地位的，还有他的散文。他是英国散文的随笔大师之一，英国文学的研究者公认他是英国文学最杰出的文体家之一"。他为每部作品写的译后记，都是一篇精辟的文学评论，概括全面，持论中正，揭示这个作家的最有价值的精华；语言简洁、优美。译者倪庆饩，不止是不为流俗所动的了不起的翻译家，还是一位有见识的文学史家。下面这段话，不仅为多萝西·华兹华斯在文学史上标出了一个位置，我以为还可以作为英国散文史的一个高度概括，很有参考价值：

> 在英国文学史上散文的发展，相对来说，较诗歌、戏剧、小说滞后。如果英国的散文以16世纪培根的哲理随笔在文学史上初露异彩，从而构成第一个里程碑；那么18世纪艾迪生与斯蒂尔的世态人情的幽默讽刺小品使散文的题材风格一变，成为第二个里程碑；至19世纪初多萝西·华兹华斯的自然风景散文风格又一变，开浪漫主义散文的先河；随后至19世纪中叶，兰姆的幽默抒情小品，赫兹利特的杂文，德·昆西的抒情散文分别自成一家；此后大师迭出，加莱尔·安诺德、罗斯金等向社会与文化批评方面发展，最后史蒂文生以游记为高峰，结束散文的浪漫主义运动阶段，是为第三个里程碑；至此，散文取得与诗歌、戏剧、小说同等的地位。（倪庆饩《格拉斯米尔日记》译者序）

尽管倪老师在英国散文方面下的力气最大，但他的视野并不止于散文。他还译过小说，比如史蒂文生的《巴兰特雷公子》。这个史蒂文生，就是写过《金银岛》《诱拐》《化身博士》的那个史蒂文生。译者好像特别喜欢这个作家，翻译、出版了他的三本书。倪老师特别欣赏的作家，还有一个，就是赫德逊了。他前前后后翻译了赫氏的三本散文，除了已经出版的《鸟和人》《鸟界探奇》，还有一本《伦敦的鸟》，译出已有十几年，至今尚未出版，原稿还一直在我手里。这几部书，都是赫氏关于鸟的散文集中最著名、最有代表性的。他也翻译赫德逊的长篇小说《绿厦》。根据同名小说改编的电影由大明星奥黛丽・赫本主演，得过奥斯卡奖。他也译过理论著作，柳无忌《中国文学新论》。虽以英国散文为主，但也旁及北美，如爱默生、杰克・迈纳尔、华尔纳等。他还写过一些论文，如《哈代威塞克斯小说集的悲剧性质》《王尔德・〈莎乐美〉・唯美主义》，还有研究翻译史的论文。

他还译过一些英诗，如彭斯、雪莱、济慈、丁尼生的诗。柳无忌、张镜潭编的《英国浪漫派诗选》，压卷大轴，是大诗人济慈的长篇名作《圣安妮节的前夜》，译者也是倪庆饩。

她一边翩翩起舞，眼睛却茫然无神，
呼吸急促，嘴唇流露出内心的焦急
那神圣的时辰迫在眉睫，在铃鼓声中，
在喜怒无常、低语的人群里她叹息
在爱慕、挑衅、妒忌和鄙夷的目光下，
为那飘缈的奇想所迷；除开圣安妮

和她未曾修剪过的羔羊[1]，以及朝霞
出现前难以言传的幸福又如此神秘，
在她看来，今宵其他的一切都毫无意义。

因而她打算随时退场，还在夷犹不定。
同时，年轻的波斐罗，驰马飞越荒原，
已经到来，他内心为玛德玲燃烧。
贴紧扶壁，避开月光，此刻正站在大门边，
恳求所有的圣徒来保佑他能见到玛德玲，
哪怕一会儿，他也可以向她定睛注视，
顶礼膜拜，这一切都在暗中进行，
没有人会看见；也许还能促膝倾诉相思，
触摸，亲吻——其实这些事古已有之。

四

倪老师在我读研究生一年级时，教我们英语精读。那是上世纪九十年代的第一个年头。秋天，学校开学。那天，我们见到一位老者，步履缓慢，走进教室，走上讲台。他的身材中等偏矮，穿着朴素，大概就是“的卡”布的中山装；头发花白；

① 在圣安妮节，按规矩应将两头羔羊呈献给圣安妮以备剪羊之用，剪下的羊毛由修女们织成披肩，再由教皇赐予各大主教。——倪庆饩注

他走路慢，右腿往前迈时，会先有轻微的一顿，好像句子中不小心多了一个逗号。那步履的节奏，多少年都是那样，慢慢的，一步一顿。

开始那阵子，我只是觉得这位老师讲课有点儿特别。他说话轻声慢语，带着一点儿南方口音。特别的是，一个“公外”（公共外语教学部）的老师教公共英语，却在课上不时地提起王国维、陈寅恪。他似乎对手上的课本并不十分在意，教这些东西，在他眼里好像只是小技，并非学习英文的大道与鹄的；而且，他经常眉头微皱，在那种些许的漫不经心之中，他的眼神和眉宇之中仿佛还有一丝忧愁与伤感。当年的研究生教室里总好像空空荡荡。老师的讲课，我有一阵子都不怎么听得进去，在课堂上经常心猿意马，只盼着何时下课，和当时大多数年轻人一样，想着人生前途之类的大事。

倪老师送我的第一本书，是《英国浪漫派诗选》，时间是一九九二年十二月八日。扉页上他写的是：

“给晓风

友情的纪念”

偶尔也会写：“晓风同学存念”，或者：“晓风君存念”，但“友情的纪念”写得最多。落款，有时是他的名讳，有时则是“译者”——这些题签，当时就让我感到与众不同。

倪老师说过好几次，说我跟他认识这么多年，却没有跟他翻译什么东西，遗憾。这于我当然是非常大的损失和遗憾，更是令我非常惭愧。但我也并非没有收获。比如，因为倪译柳无忌《中国文学新论》的缘故，我不但有幸认识了人民大学出版社的秦桂英，还认识了她的先生章安琪，他们夫妇也都是南开出身。章先生是研究缪灵珠的专家，当年当过人大中文系系主任。也因为倪老师，我认识了柳无忌，甚至采访了柳先生。朱维之先生是当代中国研究希伯来文学的开创者，也是八九十年代全国高校最通用的《外国文学史》教材的主编。朱维之先生当过中文系系主任。但我认识他，却是通过倪老师的介绍。和百花结缘，也有倪老师的功劳，我通过倪老师认识了百花出版社的谢大光先生、张爱乡，等等。还有，我也是在倪老师家里，第一次用真正的英文打字机练习打字。还有，更重要的是，他给我打开了英美文学的一扇大门。

我为倪老师，当然多少也做了一点事情，于我来说，值得骄傲。当年，一九九三年春天，我到北图，替倪老师把《普里斯特利散文集》借出来，花了一个下午，翻阅、选目，然后复印。出版方面，赖出版社的诸多朋友鼎力相助，东方出版社出版的《绿厦》《爱默生日记精华》，云南的三本书，花城的《格拉斯米尔日记》《水滴的音乐》，还有河南大学的两本书，加上这次由中国大百科全书出版社再版的三本书，总共十二本，是我帮着联系的。——这里，我要替倪老师谢谢这些朋友，感谢你们为倪老师做的一切。——我拿到译稿原稿，第一件事，就是到街上找最近的复印店，先把稿子复制一份再说，有时为了需要，要多联系一家出版社，就复制两份儿。总之，给出版社的尽量都是复印件，以确保手稿安全。因为稿子都是手写稿，复印起来比较慢，往往要等两个小时，或者更长时间。另外，倪老师的几篇译后记，也是经我手，在《中华读书报》发表的。

但这些，终究抵不消我心里的愧疚。特别是看到他给我的这些信，翻看他送我的这些书。

倪老师给我的完整的信，现存三十七封。所谓“完整”，就是有信封。还有几页复印的材料，及两三页信，信封找不到了。这样算来，总共有四十多封吧。

晓风：

寄来的报纸与贺年片均收到，谢谢。韩素云的报道虽为配合宣传而写，但能登在头版头条也是成功之作。希望能为文化问题写点专题，这可能是你内行，如学者的生活，前看电视，季羡林先生晚年屡遭家庭变故（夫人与女儿均去世，家里较凌乱），如能写几篇报道，引起有关方面重视，这也是解决知识分子生活的一个侧面，另外稿酬过低问题，盗版问题，这都是热门。记者也是要有专长和专家的，你要去搞工业和农业就费力。

不久前收到花山出版社编辑张国岚的来函，他们想编一套外国游记丛书，对史蒂文生游记加以青睐，想重印，但此事征得百花同意，否则也会引起后遗症。张国岚的信寄到西南村，我想可能会是你联系的。谢大光来我家要稿，赫胥黎文选已被拿走，他问起你，向你致意。我所译史蒂文生小说：《巴兰特雷庄园的公子》（Master of Ballantrae）是他的名著，压在百花已十年。如有便请你介绍中国青年出版社，该社在南大约稿，我不知消息，他们在外文系组了八部小说稿。信息不灵，落后一步。有其他机会亦可，但必须较高层次的出版社。

今年我有两部书发排，Davies: Autobiography of a Super-Tramp，与J.B.Priestley: Selected Prose。但现今稿费太低，且又通货膨胀，实在不利于我们这些搞学术的文人。

你春节可能回家，请代向令尊令堂致意问好。

祝工作顺利

倪庆饩

95，1，24

他在信中所谈，大多都像这样，离不开翻译和文学。他不止一次和我说，也在信中说过，中国现代散文与英国小品文的关系，特别认为林语堂和《论语》派受英国散文的影响，认为这是一个值得研究的大题目，鼓励我来做。——可惜我限于主客观条件，一直未能如他愿，让他颇为失望。与翻译有关，还有就是他的译著的出版的事情，与出版社的联系，等等。他多次抱怨书稿在出版社一压几年、甚至十几年出不了，出了之后，稿费低不说，而且往往一拖又是一年两年。——当然，他也说他理解出版社的难处，现在出纯文学的书，大多没有销路。——有好几封信中，也都谈到赫德逊《鸟和人》《伦敦的鸟》。

有的时候，他因为头一天打电话我没接，第二天他就写来一封信。——这就是让我现在想来心里就不安、难过的一件事。岂止是现在，就是当时，我心里就满怀愧疚。倪老师打来电话，有的时候固然是我当时不方便接，比如正在开会，或者正在开车；但也有的时候，是我心里发狠，故意不接。我不接，当然也有我的理由。倪老师在电话里，他说的内容，也都是出版书稿的事，其实大多都已经和他说清楚了。他和我一说，就停不下来，半小时，一小时地说——而我又不能很生硬地打断他。即使如此，有时因为我手头儿确实有事情，又只好生硬地打断他。特别是大约二〇〇六年以后，他打电话，更不能控制。——后来，我静下心来想，明白这是因为老人寂寞，想让我陪他说说话而已。而我呢，在心里确实是有点儿不耐烦。同样，我回天津，回南开也比较多，大概回去三次，中间才去看他一次，而且，往往都是临去之前半小时打电话——因为知道他反正都在家，所以就先到其他地方办更重要的事，有了空当儿，才联系他。——我这点儿小心眼儿，他当然根本不知道，也就无从介意，只要我来了，他都高兴得不得了，拉着我说个没完。——想想，其实我可以多陪他聊几次天的。

还有一些琐事，点点滴滴，难以尽述。他经常批评我的，就是我没有一个研究的主攻方向，他总希望我能多写一些专业研究的文章。二〇一〇年，中国社会科学杂志社安排我和几位同事十月底去欧洲访问，先到英国，到伦敦政治经济学院和牛津大学。九月初，我去看倪老师，和他说起来要去英国，他非常高兴，一脸羡慕，说他一辈子翻译英国散文，却没有出过国，更没有去过英国，真是遗憾。让我去了，替他好好看看，回来跟他讲。

倪老师爱书如命，有时也天真得像个小孩儿。他愿意借书给我看，但总是记得哪本书，过一段时间会问我看了没有，看过了就要还他。有一次，我还书时，他对我说，还有一本书没有还。我说还了呀！他一听急了，说没有，他接着说："你是不是看着那本书好，想不还我了？不行，我跟你去你宿舍去找"。于是，他"押"着我，都骑着自行车，一起从西南村他家，径直赶到我们十七楼研究生宿舍，一起和我爬五层楼，到得我宿舍，居然就从我的书柜里把那本书找了出来。——他那份儿得意劲儿，甭提了，一脸高兴，拿着他的宝贝书，得胜还朝了。

多年以后，我回西南村看他，他把托人从加拿大买的两本英文原版书，赫德逊的Birds and Man和 Birds in London送给了我，这就是《鸟和人》和《伦敦的鸟》。

五

去年，也就是二〇一八年五月九日，我最后一次在天津总医院见到倪老师。他躺在病床上，已经不大认得我了。这次我是陪中国大百科全书出版社的两位同志，专程到天津见倪老师，为这几本书的出版签合同。是他女婿代签的，倪老师已经无法和人正常交谈了。但是说到赫德逊的《鸟和人》《鸟界探奇》，他眼里还是有了光，有点儿兴奋。听说再版的书会配插图，他更高兴，呢喃着说，赫德逊的这两本书都是名著，一定把图配好。

我们回到北京后，不到一个月，六月二日，倪老师就走了。又过了一个月，《中华读书报》发了条消息：

> 著名翻译家倪庆饩逝世
>
> 本报讯　著名翻译家、南开大学教授倪庆饩，日前在天津病逝，享年90岁。倪庆饩，1928年出生，湖南长沙人，笔名“孟修”“林荇”。1949年毕业于上海圣约翰大学。1947年开始发表翻译作品，有希曼斯夫人的诗

《春之呼声》、契诃夫的小说《宝宝》等。毕业后曾在北京某对外文化交流部门工作，后任教于湖南师范学院中文系、外文系，上世纪70年代末调入南开大学公共外语教学部。擅长英美散文翻译，出版译著近30部，在中国翻译史和英美文学研究方面颇有建树，发表论文多篇。

倪老师没有什么嗜好，烟酒一概不沾，也不爱喝茶；棋牌也不摸，他觉得那些都很无聊。他工作是翻译，爱好也是翻译；休息就是看书，看林语堂、钱钟书；他喜欢穆旦，推崇傅雷、冯至。他的运动就是一步一顿地去图书馆。可是后来老了，图书馆也去不了了。

几年前，我去看他，那时他的头脑还比较清醒，也显然还有正常的思考能力。聊天中，自然又说到他不久前在花城出版的《格拉斯米尔日记》，我很为他高兴。不料，他却突然冒出一句："我不想再翻译了。这些都没有什么意义。"

是啊，与生命本身相比，我们所做的这些文字工作，究竟有什么意义呢？

倪老师一生也没有发达过，晚年则更加潦倒。因为醉心于翻译，他在世俗的名利方面几乎无所得。晚近几年，家里又连遭变故，对他更是沉重打击。在南开园中，他就是一名普通的英文教师，几乎没有人知道有这么一个大翻译家是自己的邻居。二〇一五年春节之后，大学里假期尚未结束，我专程去南开一趟，找到校党委副书记刘景泉。我把有关倪老师的一些材料带给他看，说，南开应该认真宣传一下倪老师，他堪称是中国翻译界的劳模，也是我们南开的门面。刘书记真不错，很快找了校报落实。这年五月十五日《南开大学报》就登出一篇长篇报道，韦承金先生写的《译坛“隐者”的默默耕耘》——谢谢刘先生和韦先生。

倪老师的翻译，其实与别人无关，我甚至认为，与什么文学理想、翻译理想也没有多大关系。他就是喜欢翻译，喜欢文学，喜欢优美的文字，向往辽阔清静的大自然，喜欢清新自然，喜欢趣味高雅的精神生活。他是为自己翻译，翻译了一辈子。他以翻译，表达了自我，显现了自我的内心，也成就了自我。

从这个角度说，后人对他的赞誉也好，不认同也罢，都与他无关。但是，这些作品，毕竟留在了这世上，以汉语的形式，在东方世界里传播，这是已经发生的事实。这个事实，将会对一些人的思想，发生一些作用。包括对纯正英语的欣赏，对文学经典的品位的认识，对那些作家优雅写作的传达，还有，告诉我们，世界上除了追逐名利权色，还有一种淡泊超脱的人生追求，那很可能是一种更美好、更符合人性的生活方式。而纯正、优雅和淡泊、超脱，也正是倪老师的精神品质。

二〇〇六年除夕，倪老师给我写来一封信。

晓风：

今天除夕，身边我放着Faure的“摇篮曲”CD写这封信。（Sophie Multer小提琴）

《绿厦》未能为出版社接受，深为失望，社方未必比高尔斯华绥水平高。《简·爱》也曾多次为出版商拒绝，所以这并不奇怪。上次我以为他们愿意跟爱默生的《日记精华》一同出版，附寄的两本小说介绍，是希望在《绿厦》出版后再为他们续译，结果颇出我意料，因为这两部书只是在我计划中，因我年事已高，能否有精力完成计划自己也无把握。

寄上Dorothy Wordsworth的《格拉斯米尔日记》代序，作者是勃郎蒂姊妹的先驱，是浪漫主义散文的founder，和她的哥哥在诗歌上的建树是密不可分的。她的《苏格兰旅游回忆》写得更好，对苏格兰的湖光山色的描写前无古人。附寄《格拉斯米尔日记》代序，也可发表作为宣传。

我所有的译作都贯彻一个宗旨，即追求自然与人的精神的sublime，假如能有一本选集，集中起来表现，这一点就看得清楚了。从译济慈的The Eve of St Agnes开始。你差不多我所有的译作都有，现在我寄给你一个表，把我认为的这方面的作品，提供给你作为参考。我希望你选编一本这样的书，再配上画（我有一些画册），按这个思路，大概不需要太多的时间，不过有一篇序阐述一下译文的风格最好。

你的《读书不是新闻》缺了小泉八云的那一篇（《遥望小泉八云》）是个遗憾，因为Hearn是把内容与文字结合得最完美的作家之一。

在这样一个时代，我的想法也许不合时宜，但谁说得准呢？“国学”现在又有点吃香，向“超女”叫板，也许当人们吃够了美国的快餐，还是红楼梦里的茶叶羹、香薷饮等是真正的上品。我相信并力行的是伏尔泰的名言：“你说的一切都很好，但要紧的是耕种我自己的园地。”

祝 新年快乐，新的一年内有新的成果

倪庆饩

2006，除夕

现在为了写这篇文章，翻看这些旧信，不禁茫然。这个饩字，读xì，和“戏”字同音，《辞海》上解释这个字有三个意思，一是“粮食或饲料”；二是“赠送”；三是“活的牲口”。《论语》里有：“子贡欲去告朔之饩羊。子曰：赐也！尔爱其羊，我爱其礼。”倪老师翻译了几十种名著，收获的是清贫。清贫就是上天给他的回报。老实说，我到现在也并不理解倪老师。我大概只能说，他在现实中受压，却从赫德逊、小泉八云、史蒂文生的书里找到慰藉，获得力量和满足。从这一方面说，他离开这个浊世，也未尝不是一种解脱。我们这些人，每天瞎忙，戴着漂亮而僵硬的面具，在滚滚红尘中耗费生命，却找不到生命的价值。相比之下，倪老师一生做自己热爱的文学翻译，倒是幸福的。

今年，中国大百科全书出版社将再版倪老师的三部译作。这是他最喜欢的三本书。这三本，都是关于鸟儿的书，配上了精美的插图，真的很漂亮，仿佛鸟儿张开了翅膀。——让鸟儿带他去天堂吧。

赫德逊和他的散文

——《鸟和人》译者原序

《鸟和人》（1901）[①]是英国近代文学史上杰出的散文家威廉·亨利·赫德逊（1841～1922）的代表作之一。这位生于阿根廷的鸟类学家自一八六九年迁居英国后，便从事英国鸟类的调查研究，他历年的成果集结成多部散文集发表，《鸟和人》是其中的一部。

赫德逊毕生写鸟，但他的作品并不雷同，因为他写同一种鸟时，时间和地点并不相同，或在同一时间，同一地点，写的是不同的鸟，犹如小说家写的同样是人，可是并不是同一个人。在赫德逊的笔下鸟的生态和故事是千姿百态的，没有两只一成不变的同类的鸟。这只能归结为作家缜密细微的观察和他

① 本书根据1915年第二版译出。

的写作才能。

赫德逊写的是文学的散文而不是科学的鸟类志。他写鸟，当然要写鸟的形态，生活习性，如觅食、育雏、迁徙等，这通常是我们在鸟类学的专著和科普作品中也可以读到的。赫德逊的散文与这类自然科学性的著作不同的是，他从来不是孤立地写鸟，而是首先把鸟和它们生存的自然环境结合在一起，把我们带到许多风景优美的地方，如森林、海滨、郊野，使我们接触到许多如画的景色，因而我们看到的鸟并不是博物馆中的标本，而是鲜活的野生鸟类，随着他的笔触我们几乎游历了整个的英国西南部，如索姆塞特郡、汉普郡、威尔特郡、苏莱郡、苏塞克斯郡等，例如本书中的萨维尔纳克森林就在威尔特郡。他描写那里的古老参天的山毛榉林，和在那里生息的成千上万的鸦科鸟类。在作者的笔下，使这种平时不怎么可爱的飞鸟也带上了诗情画意。这决定了赫氏散文的一个根本特点，即他往往是以审美的眼光而不仅是以科学的眼光来看鸟类世界。

同样鲜明的是，在赫德逊的笔下，鸟类不仅与它们生活的自然环境不能分割，同时也与它们生活的人文环境不能分割。他写鸟和人及其家庭相关的故事，许多飞鸟生存的教堂、墓园、旧宅等建筑物和古迹，穿插着许多咏鸟的诗歌以及有关鸟的传说、异同，使读者明显地感觉鸟和人的密切关系。本书中的许多章节，尤其是第十一章《鹅与雁》，第十三章《闲话鹦鹉》突出地体现这一特点。批评家爱德华·加尔奈特指出：赫氏作品令人神往的地方是他从不把大自然的生命跟人的生活截然分开。我们读《鸟和人》或他的任何作品都能深深体会到这一点。

从这两个方面看，赫德逊的散文可说本质上是游记，也是他的散文集的共同点，《鸟和人》并不例外。

与作者其他散文作品不同的一点是，在《鸟和人》中他似乎凝注了更多的一点思辨色彩，从而涉及自然美学的问题。他指出了他那个时代的博物学家与过去的博物学家作品的不同，因为随着科学的进步，知识方面的不断扩大，博物学家应不限于收集和罗列事实，而应具有审美的眼光，因此很自然，他就要把鸟类和它们生存的环境结合起来，提高到审美的高度加以描述，以及探讨人为什么产生对花和鸟的美感的原因，他认为这是因为鸟的鸣声和花的色彩都引起观赏者联想到人的缘故。不管我们是否同意他的意见，但他研究探讨的方向是富有启发性的。赫氏的散文向我们显示，要像他那样写鸟不仅需要鸟类学的知识，还需要文学、历史、民俗、人类学、心理学、音乐学等方面的知识。比如他超越了鸟类学的范畴细致地分析了各种鸟类的鸣声（《柳鹪鹩的秘密》），鸣声使人可以分辨出不同的鸟，也使鸟音具有高度的音乐性，找出它使人入迷的原因，这是一个牵涉到音乐学的问题。

鸟和人都是文学中永恒的主题，而作者把这两者结合在一起作为本书的书名，暗示出这是一个需要渊博的知识而永远写不尽的题目。

鸟和人的关系的另一方面则是保护鸟类，而不是捕猎它们供剥制收藏以至口腹之欲或种种牟利的目的。许多珍稀鸟类的灭绝是因为人的滥捕与滥杀，在英国是因为收藏造成的，在别的国家则还有另外的原因，如食用、装饰、服装原料，以及其他经济上的因素，作者还没有从今天的生物链的角度来分析某些鸟类的绝灭所造成的环境污染的后果，他着重的是环境的美化。讨论保护珍稀鸟类的措施的一些章节使我们看到赫德逊的文体都为之一变。他成为一个热情的政论家，不止一次引用过浪漫派诗人柯尔立奇的这行诗：

美消逝了，而且一去不复返！

有评论家把赫德逊的全部作品的中心思想归结为鸟类象征的大自然中美的毁灭及它的无可挽回性。同时也有人认为他把大自然的一切过于理想化和美化了。但是不论从科学的角度抑或从美学的角度去保护自然，这都是不会错的，对这个问题重视的程度反映了一个国家的人民的素质，它不仅是科学的任务也是教育的任务。

赫德逊的散文是科普、游记、随笔文体的综合，从我的翻译经验看，他的文字不像史蒂文生、小泉八云、高尔斯华绥等散文巨匠的文字那样洗练，但他的风格带有个人鲜明的特色，他在写《鸟和人》的时候，有时是自然史家，写的是实事求是的科学考察；有时是随笔家，写的是典故、轶事；有时是诗人，写的是对大自然的美丽风景的描述和情不自禁地赞赏。过去有的论者以为他的文笔清新自然，好像是毫不费力地从笔下流出来的，后来的研究证明他还是反复修改的，不过越是晚期的著作，累赘多余的词句越少，是真正优美的散文，真正达到了康拉德所说的“像青草的生长一样”。

在英国文学史上，赫德逊继怀特与杰弗里斯之后，把散文中的自然题材加以发展，使自然散文达到前所未有的高度。堪与兰姆为代表的以个人身边琐事为题材的人情与闲适小品，和以罗斯金为代表的社会文化批评分庭抗礼。赫德逊作为这一流派的代表，成就与贡献最大。在他以后有爱·托马斯（1828～1917），丁·马辛汉（1888～1952），杰·杜雷尔（1925～），但他们的散文类作品都没有达到赫德逊那么高的成就。

让我们从赫德逊的作品中感受到大自然无限的美和文学无限的美，从而更加热爱大自然和文学。

CONTENTS ·目 录

THE LONG-TAILED OR BOTTLE-TIT

银喉长尾山雀

隶属长尾山雀科，体小，树栖，食昆虫，尾窄小，喙细小，羽衣有光泽，色不鲜艳。其体粉红色和黑色相间，头白色，尾长占体长14厘米的一半。

THE LONG-TAILED OR BOTTLE-TIT

· 第一章
最佳状态下的鸟类

* 许多年前，我写过的一本回忆巴塔冈尼亚[①]的书中，其中涉及鸟类眼睛的一章内，提到过一见鸟类标本，自己便会产生不适之感。这种不适不是指放在柜子抽屉内的鸟类皮毛，可以理解的是，这些标本对鸟类学家是必不可少的，同时对没有鸟类学知识但对鸟类感兴趣的人更为有用。这种不愉快是由于我看到此类鸟类皮毛内塞满了羊毛，让双足支撑起来模仿活鸟，有时（多么的嘲讽啊！）还放在它们的“自然环境”中。这些“环境”照例是由几把泥土构成玻璃框内的地表——黄沙、岩石、黏土、白垩或沙砾；不论什么原料，它一成不变地像一切“处在不相符位置上的物质”一样，具有阴森又压抑的面貌。由锡和锌制成的草、苔和细小的灌木，事先浸泡在绿色油漆里，然后才会栽在地上。涉及这种标本制作时，该书是这样写的：“当这只鸟因死亡而双眼紧闭时，除了对博物学家，它便成了一堆了无生气的羽毛。透明的玻璃球可以塞进空空的眼眶，给标本一种大胆的模仿活鸟的姿态，但是玻璃球射出的却是无神的目光。这躯体内的激情和生命之火已经熄灭，哪怕这是标本师最优秀的作品，也只会让人们心中产生不快与厌恶的感觉。”[②]最后一句话写得并不明确。那应该是我的心中，或者，像我一样非常熟悉鸟类标本的人心中也有同感。

*

① 巴塔冈尼亚地区主要位于阿根廷境内，小部分属于智利。几乎包括阿根廷本土南部的所有土地。面积约673,000平方公里，由广阔的草原和沙漠组成。

② 见赫德逊《在巴塔冈尼亚的悠闲日子》第十二章。

这，便是我对放在“自然环境”中的鸟类标本的感觉，我十分自然地避开展览它们的场所。比如说在布莱顿，我有待在该地和访问它的许多次机会，但却无意去参观布斯展览馆[①]，此馆是一位收藏英国鸟类学家兼富豪一生的收藏品，他不遗余力使他的收藏达到精益求精。大约一年半前我在近台克路的一个朋友家里度过一晚，次日早晨利用两个小时的余暇我溜达着到这个博物馆参观。这使我极为失望。

尽管我并没有期待什么实际的快乐，但体验到的痛楚却超过我的预计。偏巧在不久前，我一直在观察一只达特福特莺[②]，此时是这种畏人的小鸟显得最可爱的时候，因为这段时期它不仅羽毛最鲜明而且它的周围环境也最无可挑剔——

荆豆如一团火焰发出乳香。

它的外表，我那时或在荆豆花盛开之季[③]的许多场合都看到过，在本书的其中一章内也做了充分描写；但在这特殊的一次，我在观察此鸟时它正处在一个全新的而且是意料之外的状态下，我又惊又喜地在内心高呼：“我见到了最佳状态下的荆豆鹪鹩！”

那大概是一次非常难得的机会——我们习惯见到光线照

---

① 此处指的是现如今的布斯自然历史博物馆（Booth Museum of Natural History），此馆有大量动物标本，包括鸟类标本、化石标本、骨骼标本等。

② 荆豆鹪鹩在达特福特的别名。

③ 荆豆一年四季都开花，尤其以春季和秋季茂盛。

射在有金属光泽似的鸟类羽毛上的效果，在别的鸟类身上较为罕见，比如斑鸠在飞翔时距观察者有两三百码远时，阳光打在它上部的羽毛上，会展显出一种皓白色的光彩。

我静静地坐在荆豆灌丛中一处石南花丛，一直在观察此鸟有两个小时，它们受好奇与关切之心的驱使不间断地飞来飞去，因为它们的巢在附近而忐忑不安，每次从不停留在我视野之内超过几秒钟。其中最漂亮最胆大的是一只雄鸟，就是这只鸟儿最后飞向离我坐的地方十二码内的一株灌木，栖止在一根枝条上，约莫跟我的眼睛在同一水平，以富有特色的风度展现它的身姿，翘起尾巴，竖着羽冠，红色的眼睛闪亮，喉咙吐出类似细小的责骂声似的鸣声。但它的颜色不再像荆豆鹪鹩的那样：从远处看背部的羽毛为蓝灰褐色，在近处是深蓝灰褐色；这时它又是暗黑色，洒满或沾满略为带灰的白色，也就是氧化银状的白色；这一难得的美丽外貌持续约二十秒；但是它刚一飞向另一根枝丫，这种状态立即消失，它又回复成了背部为蓝灰褐色，胸部栗红色的小鸟。

我应该不可能再见到这种情况下的荆豆鹪鹩了：阳光照耀在乌黑、纤细、半透明的羽毛上造成奇异的光彩；然而它在我心中的形象，以及上千其他同样美丽的鸟类的形象，对我始终是一笔永久的宝藏。

我走进著名的布斯展览馆参观的同时，心中还想着刚才描述过的那只鸟；环顾一下这非常宽阔且放满鸟类标本架子的展室，它就像一家商店内拥挤的货架。寻找到达特福特莺所在的位置后，我便径直走到陈放此鸟的玻璃盒那里，看到它们组成一群扎牢放置在一丛荆豆上，这些标本被填装工扭曲成各种姿势——老旧，满身灰尘，死掉的小鸟，看起来令人痛心——这是对大自然的一种毁谤，也是对人类智慧的一种侮辱。

离开这个玻璃盒走向别处能让情绪得到缓解，那些盒子给人的压抑难受程度并不一样，但是所有的鸟类标本，就如同荆豆鹪鹩般是在它们天然的环境中——细砾石、一小块草地、油漆的树叶，等等。最后构成这个玻璃盒背景的是一片广阔的世界，绿色的大地，蔚蓝的天空，所有这一切都画在小小的一方木板或帆布上。

倾听着正在绕着展室参观的其他观众的谈论，我听到许多真诚的赞赏之词：他们真心喜欢，觉得这里的一切都了不起。事实上这是大部分人在这类地方表达的共同感情。假设这是真诚的，明显的原因是他们只知其一，不知其二。他们从来没有真正见到过大自然中的东西，而总是将心目中带着对熟悉的事物——室内的画面和景物，或书本上描写过的风景先入为主去看。假如他们曾经真正看见过野生鸟类——也就是说，活生生有情绪——这些情景中的形象本来会永生不忘；有了这样一个比较的标准，这些死去的生物那令人生厌的残骸放在他们面前作为复原物和活的生物的生命假象，只会产生深深沮丧的效果。

我们听到过这类展览的教育作用，可以退一步说它们也许对动物学的新学生是有用的，通过将这些标本到更多的地区展出，安排成许多分散的组合，以便让参观者首先获得一个存在于某一科目物种之间的关系的大致概念。其次是这一科目与相近的科目、而与较远的科目之间的关系的大致概念。这样的计划对年轻学生的好处是帮助他们摆脱错误的观念，即教科书上的分类研究总是将大自然产生的物种排列成一条线或一行，或所有的生物种类为一根链条的模式。但从来没有试行过这样的计划，大概因为仅对五百个观众里面的一个人有好处，且花费巨大。

既然如此，这些收藏对谁都帮不到什么，特别是对青年人反倒产生混淆的作用。一大批标本放在你的视线之前，统统都是对大自然的歪曲和它的退化，留下的印象是拼凑胡来、是形式的不协调、是色彩的混乱。还有一种安慰是大自然比制作标本的标本师明智，她自己挺身而出反对这一让头脑负担过重的粗俗方法。她对她生长在野外的儿女撒野时和善慈祥，也有能力解除人类沉重的心灵的这一负担。在展览馆内的这些生物是不能带着感情去看的，如同我们看大自然中活生生的万物那样。既然是这样，它们就并不能让我们留下持久的印象。

在唐斯丘陵地带步行了很长一段路，才使我摆脱博物馆内不舒服的感受，再度适应户外的天地；但在离开岱克斯的住所之前，我想起了一件能让我微笑的往事——这是一件很久以前的故事，是我在多年前还是一个青年的时候听到的。

那时我在拉普拉塔河的一个叫作爱森纳达德巴拉冈的小河港帮一个朋友干活。他在布宜诺斯艾利斯买了一群羊，要把它们用船运到班塔沃里昂塔[①]去，这是这条似海般的大河东岸的一个小共和国。绵羊大约六千头，都圈在小河旁，行驶的小船可在岸边停靠，有八个人负责背羊跃过一块窄窄的跳板送上船，我呢，就站在一旁点数。这些工人都是高卓人[②]，只有一个人是个矮矮的，相貌奇特的葡萄牙人。他只有一只眼睛。这个家伙是这些人的灵魂，他用玩笑和滑稽动作保持着大伙的快活情绪。那天天气格外炎热，每隔一小时左右大家就要歇一歇，蹲在泥泞的河岸上休息抽烟。他讲的故事中有一个直到今天我还记得，是关于很久以前的时代，使我非常开心。那是那个遥远时代的一个男人的故事，他生得不是时候，厌倦了自身单调的生活。甚至讨厌跟他妻子相处，这

---

① 原文为西班牙语，意为“东方帮”，系十九世纪中叶乌拉圭混战的军阀在拉普拉塔河东岸建立的割据政权。

② 阿根廷大草原的牧民，多为西班牙人与印第安人的混血种，有自己的服装与风俗。

个女人也不比他们生活的村子里的其他居民更有头脑。最后他决心离家出走去看看世界。跟妻子和亲友告别后他踏上旅程。他走得很远，有许多奇异有趣的险遇，原谅我不能加以叙述，因为本书不是一本讲故事的书。总之他平安无恙归来，且比他出发时富有得多；打开他的行囊他把他的财物摊放在老婆面前——大量的金币，以及好多宝石和价值连城的首饰。一看见这些闪闪发光的宝贝她发出一声尖叫，高兴地从房间里冲出去。可是久久不见她回来，他便出去找她。经过一番寻觅，才发现她淹死在酒窖的酒桶里了。原来她因为高兴跑到酒窖里，打开一个大酒桶，纯粹因为快乐把自己浸泡在里面而淹死了。

这样就结束了他冒险的漫游，那位玩世不恭的独眼人下了结论，他们都站起来继续干着背羊上船的活。

我在参观布斯展览馆时想起那个人在旅行途中的一个冒险故事使我发笑。他漫游到一个居民稀少的地区，走到一座教堂前，经过时注意力被一个奇观所吸引。这个教堂是一座圆顶建筑，高大空白的墙上没有窗子。他看到唯一的大门，其大小跟农舍的门差不多。一个矮小的老头拿着一只空袋子从门里走了出来，老头年纪很大了，由于衰老而弓腰曲背，长长的头发胡子已然银白如雪。他蹒跚地走到教堂墓地中央站住不动，抓住袋子的口，伸出胳膊打开，约有五分钟，接着用一个突然的动作把袋口封上，可是依旧紧攥着，匆匆回到教堂，尽可能用他僵硬的老骨头能达到的速度，然后在门内消失。不久他又重新出现，重复这种举动，然后再一回重复，直到旅行人走过来问他是干什么。“我是让教堂点上火。”老头接着解释这是一座又大又漂亮的教堂，充满贵重的装饰，但内部非常黑暗——这么黑以致来做祷告的人总是混乱不堪，他们彼此看不见，既看不见教士，教士也看不见他们，情况一直如此。老头继续说，这是个好大的谜，他受村上的神父雇用做这个工作好长时间了，当他还是个青年的时候，就把阳光带进去给内部照明；现在老了虽然依旧做这个工作，每年都要带进教堂内成千上万袋阳光，可是教堂内仍旧漆黑，谁也说不清为什么是这样。

没有必要细讲后来的结果，读者只要知道最后这座黑暗的教堂终于充满了光明，旅行人受到全村人的盛宴款待，他带着好多礼物离开他们。

这类寓言一般在我们所处的这个开明的时代不可能有什么深刻的道德意义；可是非常奇怪的是，我们发现在人们中间确实有一种妄想，跟村民的幻想相似，他们以为可以把阳光装在袋子里去点亮黑暗里的教堂。这是一批或一系列闭门产生的妄想或幻想之一。苏里先生在他的书里没有提到这个令人神往的题目。我所说这类妄想的特例之一，其他最生硬的表现，可以在这里提出来。

一个在河边散步的人，偶然发现一只翠鸟飞过去。它羽毛的色彩蓝得惊人，超越过他看到的天空或海水，鲜花或宝石，或任何别的东西的碧蓝的美和鲜艳。他天真地幻想这只光艳照人的鸟儿会成为他以及他全家人永久的乐趣。可以跟童话里那个贫穷的渔翁从一条鱼的肚腹里发现的那颗辉煌的宝石相比。宝石被他的孩子们白天当玩具，夜晚当蜡烛。于是这个人拿出枪把翠鸟打下来，制成标本，放在玻璃盒中。但标本不再是活的飞鸟了：他观看他的标本时，鸟儿在阳光下一闪而过的形象还活在他的心中，但在这个人心中造成这种光彩夺目的幻象别人是见不到的。

那是因为翠鸟和其他令人注目的物种制成标本后放在农舍里让人观看，这种错觉妄想已成为普遍的事情。并不仅仅是那些住在农舍里的人犯这种把神奇化为寻常的错误；那些留意寻访奇迹的人会发现大多数人心中也都如此——我们观赏与称赞的这些熠熠生辉的奇观已装在玻璃盒内了。虽然我们可以掌控这些没有了内在的完满活力的生命，但也没有了外部创造奇迹的阳光和氛围的东西。

回过头来再说我们的爱好和感觉吧，因为在本章内必须容我写人（“人”即我自己）和鸟，其他各章则是鸟和人。自我有记忆的时候，我主要的兴趣和心愿一直是观察和倾听在最佳状态下的每只小鸟。这里的“最佳”，仅是比较而言，指的是鸟儿不寻常的迷人姿态，或一种比平常的状态美得多的神态，这可能是由于这只鸟跟周围环境特别和谐，或在某些特例中巧合而产生的结果。例如上面谈到的达特福特莺，是由于太阳光照罕见的作用。还有一些别的情况，如难得一见的动作和姿态，非凡地优美，甚至古怪，都可能产生这种印象。在一个这类印象被接受之后，另一个同样非凡的印象，稍后也许会接着而来；在这种情况下，后者不会抹掉或覆盖前者；两者都作为永久的财富而保存下来，这样我们脑海中就有了几幅同一物种的画图。所有人对偶然遇到的具有特殊趣味的景物，他们的感受是同样的，下面的例证可以使那些不习惯于注意自身的精神变化过程的读者更为清楚。如果他们想到或说到任何普通的物体，例如一把椅子，或铁锹，或一个苹果，一幅图画形象会顿时出现在他的心目中；这当然并不是一把特殊的铁锹或一个特殊的苹果，而是这个形象代表着存在于他心中准备在任何场合使用的物体的典型。至于这个典型，心目中的这把铁锹或苹果的来源的问题，我们无须讨论。假如这个想到或谈到的物体是一种动物——比方说一匹马——在大多数情况下这个心目中出现的形象如前所述是典型而非个别。但假如一个人对马极感兴趣，同时又是个骑马者，并且有马和爱许多马，那么他会想起来自己所认识并以鉴赏的眼光看到过的某一匹特殊的马的形象，并且还能够回想起几十匹或几百匹更多他认识或以同样的眼光见到过的马。另一方面如果我们想到一只老鼠，心目中则不是个别而是一个典型，因为我们对这样一种生物毫无兴趣或特殊感情，所有连续得到的印象糅合为一早已在心目中形成的典型，并且大概还是在幼年就形成的。狗的情况则不同：我们和狗生活在一起的机会更多，我们很熟悉它们，并怀着爱心对待许多个体；因此在心中突出的形象一般是我们已经熟悉的那只。

值得注意的重要问题是，尽管我们在脑海里记下看到的种种事物的印象，再次回忆起来只有带着情感去看的才会产生难忘的印象。我们也许记得见到过的一千样东西，后来想起，对它们感兴趣，即如果那些东西使我们十分愉快，以至对我们存有好处，我们便绞尽脑汁去重温它们的形象，不过一切徒劳；它们已被永远遗忘，因为我们当时对原物并没有兴趣，而是冷漠或不带感情地观览它们。

就鸟类来说，我在内心用两种方式观看它们：我已熟悉的，并且是在野生状态下观察的，已在心中存有它的典型模式的物体——当我想到这一物种时我总是看到一个形象；还有一种或两种或若干种，在某些情况下数达五十种，同一种鸟的各别形象，当它出现在某个特别适宜的时刻以特殊的兴趣和愉快观赏到的。

关于数百种最普通的鸟类难忘的形象中，在结束这部分的内容之前我们将再描述一种鸟类。

银喉长尾山雀属于我们的林地小型鸟类中最娇美的物种之一。在我珍藏的印象里，也就是在我的那些见不到和摸不着的画册里，有若干它的影像，我认为是精美绝伦的。两年前的一天，我收集到一帧更好的新的影像。在二月一个寒冷多风但非常晴朗的冬日，我从埃文河畔的巴思[①]出发步行了几英里，对岸紧挨着河边生长着一排灌木，其中涨满的河水淹没了许多它们的根和较低的树干，在这些低处的树木后面地势陡然升高，形成一道长长的青青的山丘，上面覆盖着高高的山毛榉。我停下来欣赏河对面的一片灌木丛，这片灌木丛长得很是低矮，舒展的枝丫挨近水面，光秃秃的小枝上缀有柔荑花以及好似黑杨树的花，花的长短和小手指差不多，其颜色是深黑红色或褐紫红色。一群约十二只银喉长尾山雀正在以它们通常散漫的方式飞行或滑翔到了我观望着的灌木，一只接着一只，我发现它们选择留在那个地点是因为可以避风。我饶有兴趣地看着有十五分钟之久，高兴有这么难得的机会把这种鸟和植物相结合的精致景观带到我面前。披着淡白色夹着玫瑰色和灰色的羽毛，尾巴长而优美，头部小而圆像鹦鹉似的小鸟，栖息在垂悬的深红色柔荑花花间，有的安静地刚好歇落在水面之上，其他的则四处跳动，偶尔吊在细瘦的枝梢——通通在下方的河面上倒映出来，河水与阳光给予了这幅景观一种仿佛童话般的魅力，几乎是梦幻似的特色。

① 英格兰埃文郡的区（城市）。濒临埃文河，位于群山环绕的盆地中，面积28平方千米。

这类景色的可爱之处仅仅保存在那些亲眼见到并且过目不忘的人的脑海中：他们无法用画家的笔调或语言传给另一个人，虽然它带有东方花鸟画的色彩。尤其无法用摄影表现，摄影使所有的事物成为一幅平面，单调且没有色彩的黑影，看上去沉闷乏味。

从形态我们继续来考虑声音，可惜的是我们不能把这二者放在一起而是不得不相继分开来谈，因为就鸟类而言它们比别的物种的情况更多地结合在一起；在鸟类处于最佳状态的形象上它们有时是不可分的——飘逸的姿势、和谐精致的色彩、优美的行动；声音不论高低，也是飘逸的，是跟形态和谐一致的。

我们知道，声音与形态相同，我们如果注意地，欣赏性地，或者以任何动情的方式听，会永志不忘，可随意回想和再听。毫无疑问，大部分人的这种强记能力听觉要比视觉弱得多，但我们所有人都被认为在一定程度上是具有这种感官能力的。到目前为止，我只遇到一位女士缺乏这一能力，声音对她在脑海中毫无印象，所以就听觉而言她是文明人类当中对嗅觉的感官记忆相同。我说文明人类，是确信这一能力在我们当中已退化，虽然它似乎在野蛮人或较低级的动物当中都存在。最普通的声音，不论是自然的或人为的，如最熟悉的鸟啼，母牛的哞鸣，她最亲近的朋友的声音，最简单的歌唱或弹奏的旋律，在她的头脑中都已无法再现；作为好听的声音她笼统记得起，恰如我们全部记得起某些花草有馥郁的香气；但是她听不出来具体是什么样的声音，大概这样的人不多。在这类事情上我们很难知晓另一个人内心可能会有的真实想法，我们的一些熟人若仅仅为了满足他们认为的一种无聊的好奇，就拒绝分析或吐露他们内心的想法。在某些情况下，他们也许对这类事情怀有一种迷信，他们内心中关于自身的“秘密”或“事情”，就如同野蛮部落中某人的秘密和真实姓名。他们是不愿透露的，否则就是冒有授予别人一种控制他们的生命与命运的神秘力量的危险。比迷信和单纯的愚昧及沉默更糟的是，有某些特别富于想象力的人，他十分愿意欣然回答所有的询问，一下抓住你解释的话，猜测你的需要，顿时（不自觉地）生造发明什么告诉你。

但我认为我们可以把这种情况看作理所当然，即保存声音是和保存情景同样普及的。虽然一般说来，声音的形象不像更高级的、更需智力的视觉那么持久；再者，它因人而异。我们还从作曲家的情况看到，大部分专心于艺术的音乐家是能够训练这种才能的，并可提升到一种异常有效的水平。作曲家坐着，一笔在手，在安静的室内听着不同的乐器发出的种种声音，独奏的、乐队的，这些都出现在他的内心里，从而写出他的乐曲。他是个创造者，这一点不假，他在精神上聆听着前所未听到的作品；但他不能虚构，或者说在精神上听到他肉体官能上从未听到过的任何音符或音符的组合。在创作时他从声音无穷变化中做出选择，这些声音存在于他的脑海中，他重新编排它们，从而产生出新的效果。

有成就的音乐家和一般不识别言调而仅有一飞而逝的声音印象的普通人，从大脑储存声音的能力来看，其差别无疑是巨大的；大概相当于一位大学教授和火地岛或安达曼群岛原住民之间的逻辑能力的差别。我们认为这是个需要训练的问题；任何具有正常头脑的人，如果习惯于有鉴别地聆听某些天然或人为的声音，准以这类声音的形象储存在他的心中。野外的博物学家，如果他对鸟语极感兴趣，愉快地听到过大量不同的禽鸟的鸣声，应该像音乐家对音乐那样印象丰富，他终生一直不知不觉地接受这种能力的训练。

就映像的持久性而言，有人也许以为，谈到鸟类时，只有那些时时通过新鲜的感性印象再现和反复才永远保持清晰。考虑到存在于他们心目中的声音形象属于他们自己乡土的鸟类，而且能够不时听到，即使在某些情况下相隔的时间很长，那是大部分人自然地得到的初步结论。我的经验证明却非如此。人可能和他所知的鸟类隔绝，以地球上千里之外的另一个地区为家，但在超过二十五年的时间之后，在这段时间内他熟悉了完全不同的鸟类，却发现旧的声音形象从来没有因新的感性印象得到更新，还像以前那么清晰，似乎一点也没有消亡。

坦白地说，当我想到这一点时，对这样的一种经验自己也感到惊讶，对某些人来说那似乎是难以置信的。人们会说，也许在任何地方听到的变化无穷的鸟音中必定有数不清的声调是极其相似的，或者跟别的地区的别的鸟类声调相似，尽管是在不同的情况下听到的，旧的鸣叫声、呼唤声和啼啭声的形象因而也就间接地得到更新和保持鲜活。我不认为这对我有任何实际帮助。我想到多年来未曾想到的一种鸟，它的鸣声在回忆时又想起来了。我在心灵上倾听它不同的鸣声，但跟任何英国禽鸟的鸣声没有一种有一点相似。这些声音的形象因此从来没有得到更新。再说，即使有某种相似的地方，例如普通鹬和另一种鸟的三音节叫声，我在回忆时也是先倾听其中的一种鸣声，然后才是另外一种的鸣声，那是好久以前听到过的，两者都听得分明。比较之后发现其中的巨大差异：一种较轻细尖厉，比另一种声音的音乐性较差。进一步拿乌鸫的情况来说，它在语言上有大量的变化，有一种小小的啁啾为人们所熟悉——性质如悦耳动听的铃声般圆润细小且清脆。现今发现，南美有一种真正的鸫，跟我们的歌鸫相似，它的啁啾几乎跟铃声一模一样，就那种圆润细小的鸣声来看，旧的形象也许可以由新的感性印象更新了。或许我甚至可以就原来的形象为后来者压倒，如同多米尼加鸥与黑背鸥的笑声情况一样。但至于鸫，除了那种细小圆润的鸣声外，这两个物种的语言是完全不同的。两个物种的任何一种都有本身达到完美地步的一种音调：那种异国产的鸟的歌声既不像乌鸫鸣声那样的笛声，也不圆润，更不温和，而是具有高度的悲喜交集的性质，对此我们用人类清新而非常美好的声音加以赞赏，如罗威尔[①]的《致歌唱着的珀迪塔》这首诗中所描述的：

它带着一点忧伤的意思，
然而又不是悲哀；
它怀有再清楚不过的愉悦，
然而又不是欢乐。

再者，那支异国的歌是由许多乐音组成的，流畅地倾吐出来，像云雀的歌唱；同时它又是独一无二的，因为这些乐音之间的对比，它们表达出一种人的感情和发出一种铿锵的铃铛般的声音。它们间断地出现，具有一只管弦乐队的三倍效果。这支美妙歌曲的形象在我的脑际分明，如同去年夏季我每天都能听到的绿荫间乌鸫的啼鸣。

无可怀疑的是，在我们当中有一些抑或更多的鸟类，当人们在国内时发现他们接受的声音印象并非持久不变的。或者，假如不是完全忘记，也变得非常淡薄不清，愈来愈难于

---

① 詹姆斯·罗塞尔·罗威尔（James Russell Lowell，1819～1891），美国浪漫主义诗人。

回忆。他们不再能倾听那些海外的乐音和歌声，如同他们在心灵上倾听春天杜鹃的啼鸣、林鸮的嚯嚯声、云雀或林鹨的歌声、夜鹰那摇纱般的调子、林樫鸟那令人惊愕的尖叫、渡鸦人声般的深沉的声调、杓鹬那狂野的呼唤、在某个孤寂的池沼静夜中听到的赤颈鸭任性的好听的呼哨声。

因为这些以及更多难以数计的声音是他们自己在家乡或故园听到的鸟类的叫声；他们年轻时代的感官比现在更加敏锐，情绪比较高时听到的鲜活的声音，事实上是怀着内心深情时听到，因此这些声音的形象是难以磨灭的，这是外来鸟类物种永远不能做到的印象效果。

拿我自身的情况来说，外国的鸟也就是我家乡的鸟，单纯由于这一缘故就比其他的鸟更为亲切；然而我避免了英国博物学家的偏见——家乡的鸟音天生比外国的鸟音听上去要悦耳。最后一来到这个国家，我便不能，比方说，如英国博物学家那样，对待昆士兰[①]，或缅甸，或加拿大，或巴塔冈尼亚的鸟类那样冷淡，而是怀着强烈的兴趣对待英国的鸟类。因为这些禽鸟也就是我的祖先所熟悉的，而且终生听到的；我的想象为一切谈到它们的魅力的文字所激发，那确实并不是冷冰冰的鸟类学家所写，而是由从乔叟[②]到如今一长串伟大

① 澳大利亚的一个行政区。

② 乔叟（Geoffrey Chaucer， 约1343～1400），英国著名诗人。代表作《坎特伯雷故事集》。

的诗人创作出来的。我的心情不能平静地听到这些鸟啼，它们的音乐永恒地印在我的心版上，我发现自己是大量声音形象快乐的拥有者，这些声音形象地代表两个广阔隔离地域的鸟类语言。

PARTRIDGE

鹧鸪

雉科鹧鸪属的一种。体型大小似石鸡。常栖息于山地和丘陵。食昆虫，叫声响亮。头顶呈黑色，围以棕色环斑。上体呈黑色且有许多卵圆形白斑；肩羽呈栗红色；两翅呈黑色且具白色狭斑；喉呈白色；胸、腹和两胁呈黑褐色且杂以显著白斑，白斑愈向后愈大；下腹呈棕白色；尾下覆羽呈棕色。雌鸟羽色较浅淡。嘴呈黑（雄），或上嘴黑色下嘴呈肉黄色（雌）；脚呈橙黄至红褐色。

PARTRIDGE

· 第二章 乌和人

BIRDS AND MAN

* 我们对大部分野生鸟类，行为上肯定显得像一种古怪矛盾的活物。我们对它们时而是怀有敌意的，时而是冷漠的，时而又是友好的，交替变化间以致它们从来不知道会碰到哪种情况。拿一只渐渐养成对人信赖的乌鸫为例，有人曾经在霜冻天气下喂过它，于是它在他们看得见的花园或灌木丛内筑巢而栖；它几乎一点不害怕让他们一天来十多次拨开树枝看望它，甚至在它孵卵的时候拍拍它的背脊。过不多久，一个喜欢捕鸟的邻家孩子偷偷爬进树丛，发现了鸟窠，把它拆掉。鸟儿发现它被自己信任的人出卖了；假如它怀疑男孩的邪恶意图本来会对他的逼近，发出一声叫喊，鸟窠也许能保住。这样一次横祸的结果大概会使鸟儿养成的习惯遭到毁弃而回到通常的怀疑态度。

*

鸟类有时是具备区分保护者与加害者的能力的，但我想它们难得十分清楚；它们不仅看人的面貌，而且还看整个形体。我们经常改换衣服准使它们难以区分熟悉与信任的个人和陌生人。甚至一只狗刚看见主人穿黑色与灰色的套服，稍后他戴上草帽换了一套法兰绒装，偶尔也会搞错。

不管怎么说，假如鸟类一旦认识了那些惯常保护它们的人而且形成了信任他们的习惯，是不会因为偶尔一次受到粗暴的对待便放弃这一习惯的。居住在沃尔辛的一位女士告诉我，在她的花园里育雏的乌鸫的故事。在她用网罩好成熟的果实时，它们不愿意离开草莓地。有时几只乌鸫会设法跑到网下；如果她逮住那个盗果者把它带走，送到花园的尽头，它还会尖声叫嚷、挣扎、啄她的手指。等她把它释放，它会立即跟随她回到花坛，重新开始对果实的“进攻”。

在鸟和其他哺乳动物的关系上是没有任何值得怀疑或可以混淆的余地。它们各自始终按照同类的本能行动；一旦怀有敌意，永远怀有敌意；假如一旦被视为无害，就会永远受到信任。狐狸一定毫无例外地令鸟类害怕和憎恶；它的性情，像它的鼻子和红色的外衣是不会改变的；同样鸟类跟猫、白鼬、黄鼬等的关系也是如此。另一方面，在食草动物面前，鸟类不会显出怀疑的迹象；从体形来说，望而生畏的庞大的野牛和吼叫的牡赤鹿，到目光温和胆小的野兔和家兔它们知道这些不同的生物是绝对无害的。鹡鸰和别的鸟类在牧场上伴随牛群，靠近它们的鼻子觅食，把藏在草里的小昆虫赶出来，是常见的现象。寒鸦与椋鸟在牛群的背上搜寻虱蝇和其他寄生虫，它们的到访明显受到欢迎。这里有一个团结鸟类和兽类的共同利益；这是在高级脊椎动物间最接近共生现象的方式，但远不及黄嘴牛椋鸟和犀牛或水牛、非洲的短翅鸻和鳄鱼之间的伙伴关系先进。

一天我在威尔士紧靠主教堂的一块草地上散步，几头母牛正在那里吃草，我注意到更远处分散着的白嘴鸦和椋鸟。随即一群约四十只栖居在大教堂顶楼的寒鸦从我头上飞过，斜降下来加入其他的鸟群，突然间两只寒鸦降落在最靠近我站着的两头母牛的背上。紧接着还有五只寒鸦跟着飞来，这七只鸟儿开始热心地啄食母牛皮肤上的寄生虫。可是并没有充分的空地让它们自由挪动；它们你推我搡地想找一个立足之处，伸展翅膀以保持平衡，看上去就像许多饥饿的兀鹫在一具尸体上争夺地盘；很快其中的两只被挤开飞走了。剩下的五只，虽然地盘非常紧窄，但它们继续在牛背上争夺了一阵，忙于用喙啄食，明显对它们发现的财富非常激动。观察母牛对它们到访的态度也是挺有意思的；它降低身子好像要躺卧，使背部扩大，低下头让鼻子接触地面，站着纹丝不动，尾巴突出像压水机的手柄，最后寒鸦结束觅食，一边吵吵嚷嚷地飞走了；但是母牛姿势不变一动不动地又待了一会儿，好像这么多利嘴又捅又戳，这么多尖爪在皮上搔扒所产生的难得而舒畅的快感还没有消失。

鹿也像母牛一样非常感谢寒鸦的服务。在萨维尔纳克森林一次我亲眼目睹一幕非常有趣的小景。一头母赤鹿独自躺在一块长满草的洼坑里。当我在五十码的远处经过它时，我猛然奇怪地发现它把头部变得那么低只见它的背脊和坑沿一样平。我走到近处去看个清楚，原来一只寒鸦站在面前的草皮上，忙于啄它的脸皮。我拿望远镜密切地注视着寒鸦的行动：它先绕着母牛的眼睛啄，再啄它的鼻孔，最后啄它的喉部。恰像一个修脸的人，在修脸时听从理发师的手指的指导，把脸转来转去，然后抬起下巴让剃刀在下面刮过去，母鹿照样抬起或低下或转动脸部让寒鸦检查，用它的喙啄遍每个部分。最后寒鸦离开母鹿的脸部，绕着耳朵的基部啄完，它待了几秒钟一动不动，看上去非常机灵地用它那优美的红脑袋寻找一个立足之地，母鹿长长的耳朵在它两旁伸出来。从它的栖木上寒鸦纵身跳到空中然后贴近地面飞走了，接着母鹿慢慢地抬头凝望它的黑色朋友远去，我禁不住想它应是满心感激，惋惜鸟儿的离开。

有的鸟在育雏时对任何动物接近鸟巢看起来十分焦急，但是即使是在非常激动的状态下，对待食草动物和它们一贯熟悉的宿敌态度也是有所不同的。在地上育雏的鸟巢可能由于山羊、绵羊、鹿或任何放牧的动物接近而遭遇危险，但是鸟类不会在这只动物的上空扑翅飞翔、尖声叫喊，或是向它的头部冲刺，或试图引导它走开，如对付狗或狐狸那样。如果小型鸟类为了保护它们的巢而向大的动物或人冲刺或猛烈攻击，即使它们的巢可能未受到侵犯，事实上这一举动表现为纯粹出于本能和不受意志的控制，几乎是不自觉的。这类举动常常是更多体现在蜂鸟而不是在别的科目的鸟类态度上看到。蜂鸟看来似乎分不清食肉与食草哺乳动物，如果它们看到一头大型动物在附近走动，它们就飞近这头动物仔细察看一阵然后急急飞走，假如它离巢太近，它们便会发动进攻，或威胁要进行攻击。有一回我在察看蜂鸟的巢时，有蜂鸟冲向我的脸部。这个举动跟单独的无刺木蜂的举动相似，在拉普拉塔是很普通的。木蜂是一种躯体魁伟滚圆的昆虫，色泽钢蓝发亮，要是你走近它在树上或灌木丛的巢穴，它以古怪的方式冲出来乱飞，大声嗡鸣，间隔地在你头部上方七八码高处悬浮不动地停十秒至十五秒钟，然后突然快如闪电地冲向你的脸部，离你两英尺的地方猛然一击。然后它便掉了下来，好像昏迷了一样，不一会儿重整旗鼓重复刚才的动作。

这种如此简单不能被看作智慧或有意识的一种本能举动，和大部分鸟类面对卵与巢遭遇危险所采取的举动之间，肯定存在着巨大的差异。在露天条件下地上繁殖的鸟类及其鸟巢遇到危险时情况是各种各样的，把人类这种异常的生物排除在外，我们看到，一般说来，鸟类的判断是不会错误的。一种情况下它在防卫的同时必须保护自己。在另一种情况下，只有鸟巢遇到危险，那么它显得不再担心自己。我遇到印象最深的例子，跟这一点有关，那是在南美大草原观察一只短翅麦鸡的时候，这只鸟儿兴奋的高声叫喊吸引了我的注意；一只绵羊正躺下来，鼻子刚好直接在巢的上方。巢中有三个卵，麦鸡试图让羊起身走开。天气挺热，羊不愿挪动；可能麦鸡翅膀的拂动使它感到舒服。在扑打一阵绵羊的脸部后，鸟儿又开始厉害地啄它的鼻子，接着羊抬起头，但很快便觉得累，刚一低下来麦鸡又开始既扑又啄了。羊再次把头抬起来，不一会儿又低下去，就这样持续了约十二到十四分钟，直到这种烦扰变成无法忍受；于是羊抬起头再不愿低下去了，在这种极不舒服的姿态下，把鼻子高高抬向空中，羊决心待下去。麦鸡徒然等待着，最后开始在羊的脸部蹦跳起来。一开始未能啄着羊的鼻子，但不一会儿，它一跳用嘴咬住了羊的耳朵，身体悬挂着，翅膀下垂，两腿悬空。羊几次摇晃着脑袋，最后把鸟儿甩掉；但一当麦鸡被甩下来它随即又跳上去抓住羊的耳朵；结果到头来羊只好认输了，挣扎着站起来把麦鸡甩掉，反复摇着脑袋懒洋洋地走开。

这只麦鸡让自己以这样的方式行动该有多么大的自信。

鸟类对哺乳动物的完全信任，是由于经验和传统的教导，认为后者无害，这对任何观察过与兔子在一起的鹧鸪的人都是熟悉的。你会猜想兔子对习性那么胆小的鹧鸪的态度准是格外“恼火”的。在长时间间隔的安静后它会令人惊愕地一跃而起，猛烈地离窝而去，好像被吓得丧魂落魄似的；但它的古怪的举动一点也没有使它那披羽毛的伙伴惊惶不安。三月初的一个黄昏，我亲眼见到在苏莱郡沃克利发生的一幕。日落约半个钟头后我正朝村子走去，听到一只鹧鸪高声地鸣叫，我转向叫声的方向望去，看见五只鸟儿正聚集在位于一小块青翠的田地的中央矮丘上。这个矮丘由低矮的荆棘树篱环绕着，它们到那个地方栖息；那只叫唤的鸟儿抬起身子站着，与别的鸟相隔一两码远安顿下来后，有一阵它继续间断地叫。蓦然间，在我站着观望鸟群的动静时，树篱间响起一个沙沙的声音，从里面冲出两只雄兔在进行狂热的赛跑。有一阵子它们待在树篱附近，但是比赛的兔子很少能够长时间地待在一处地方；它们总是不停地移动，虽然它们的行动基本上是绕圈子，时而一条线——逃和追——时而像闪电一样，前头的兔子原路折回，来一个冲撞。两只兔子互相撕咬着，滚啊滚在一处，转瞬间它们又爬起来，彼此拉开距离，继续疯狂地追逐着。渐渐地它们离树篱越来越远，最后碰巧跑到鹧鸪待的地方，在这里它们的决斗进行了三四分钟，但是鹧鸪不愿撤出它们的栖息地。那只发出呼唤的鸟依然站着，抬起头期待地，好像在守望什么闲游者出现，其余的鸟还待在原地。它们唯一的行动是当其中的一只鸟跟一只飞跑的兔子在一条直线上时，如果它还站着不动，再一刹那它会受到冲击，也许因猛撞而送命，正在千钧一发的时刻，它往往会跳到一旁让开，又立即安定下来，这样每一只鸟在这场战斗继续进行之前被迫向田地的对面一方挪动好几回，这才让这一群鹧鸪获得安宁。

赫伯特·斯宾塞[①]曾说，社会性的动物“在彼此形成的伙伴关系意识中获得乐趣”；但是他似乎把这种感觉限于同一兽群、鸟群或物种。谈到母牛的心理变化过程，他告诉我们大型哺乳动物看到鸟类飞近自己或飞过范围的视野时留下的印象；飞鸟仅仅被当作影子或朦胧不清的物体模糊地受到注意，在草地上或穿过空中这儿那儿飞翔或被风吹来吹去，他不明白母牛的心理状态。我确信所有的动物都能清楚地看到其他动物像它们自己一样是鲜活的，有感觉的，有灵性的生物；如果鸟类和哺乳动物相聚在一起，它们互相意识到彼此的存在而高兴，不管在大小、声音、习惯上，等等的差异。我们相信这种默契是存在的，在一头牛和它的飞行小伙伴——鹡鸰之间，跟在大小上互相更为近似的一只鸟和一头哺乳动物之间的大小形状相差不多；比方说鹧鸪或雉跟兔子就是如此。

对我们来说，似乎跟人相伴能有这类愉快感觉的只有知更鸟。这不普通，甚至很不普通。麦克吉里弗雷，在谈到天气极其恶劣期间知更鸟对人的信任时说，平时它不完全依赖

① 赫伯特·斯宾塞（Herbert Spencer，1820～1903），英国哲学家和社会学家。

人，谁都可以到花园或灌木丛去走近一只知更鸟来证明。我们也看得出，要是有人走近鸟巢它表现出的极度焦虑；这一点用不着大惊小怪，因为所有的访客，即使它最好的朋友对正在育雏的鸟儿也是不受欢迎的。然而，不容置疑的是比起其他的鸟类，知更鸟对人是较为信赖的，但不一定是因为这种鸟受到大多数人的善意对待。奇怪的是幼鸟会发现人有某种吸引它们的地方，这种情形通常在夏末可以见到。这时老鸟已经隐蔽起来，然而却可以发现有好多幼知更鸟留下，地面成了它们的乐园，似乎它们乐意跟人相处。这令人惊讶，常常一个人用不着在花园溜达多久，便会发现那安静的有斑点的小鸟跟他在一起，从枝头到枝头又跳又飞，偶尔落在地上跟他做伴，有时离他的手一码远安安静静地坐着。一只友好的知更鸟会经常跟着园丁，如果他挖土，这鸟也会脚跟脚地捡食蛴螬和幼虫。我们常遇见的温顺的幼知更鸟，像跟园丁或樵夫做伴的那只，它的温顺很可能已养成一种习惯了吧，因为幼鸟发现要是一个人在植物中间走动，也许是在采摘果实，就会把潜伏的昆虫就从根部给翻出来，也会把从树叶上小蜘蛛和毛虫摇落下来。我们对知更鸟就如同母牛对鹡鸰，绵羊对椋鸟一样——食物的发现者。

在家宅地带生息的鸟类中，燕子在对人的态度上是另一个多少有点例外的特殊物种。它在空中飞翔的时间过多，对跟株守在地上的笨重动物做伴不感兴趣；两者的距离太大，不可能产生默契。在我们考虑它跟我们的关系何等密切，对我们何等重要时，难以相信它完全没有想到我们的好处。它在春天归来时洋溢着快乐，整个屋子都响彻它那轻快悦耳的啁啾声，但并不是唱给我们听的，也不是表达长期离别之后重见到我们，如同在过去的岁月里一样再一次成为我们受欢迎的客人而高兴。但事情就是如此，要是地面上没有房子，它就把巢建在岩洞里，那里也是母狼的兽穴，它的生活和歌声像在房子里一样欢快。它也不在意母狼在下面的木板上给它的狼仔哺乳。但是假如母狼偶然稍为爬上高处一点或拿鼻子太靠近它的巢，它那活泼的啁啾声就迅速变为惊惶愤然的尖叫。对燕子来说我们不过是那头消失的狼，只要我们克制不去窥探它的巢，也不去触碰卵或雏鸟，它就不会了解我们，简直意识不到我们的存在。燕子全部的合群感和投契的对象是如同它那样的飘逸和飞翔快速的生物——它在广阔空间的游伴。

家燕在乡村街道上追逐蚊虫，那是行人熟悉的景象。不久前我在苏莱郡的法恩汉姆，站在教堂墓园里观看十到十二只的一群燕子在空中竞飞。我注意到它们每次一回到教堂又沿着同一路线在钟楼的同一面飞绕两圈，然后贴近地面掠过，再又腾起。我走到横挡着它们去路的地点，可以说是它们竞飞的跑线上，就在燕子跟地面接触的点上，但它们并不因此而更改路线，每次回头一边尖叫，一边疾掠过我的头顶上，近得差不多翅膀拂着我的脸，但没有比它们对人在场的漠不关心给我更深的印象——有家燕、毛脚燕、雨燕——如同有一次在佛伦斯汉姆燕子非常之多一样。那是在五月，我亲眼看见两只兔子打架，而旁边的一窝鹧鸪却始终表现出令人惊讶的镇静。五个星期后一个雨夜之后的早晨，我向佛伦斯汉姆的大塘走去，看见一群燕子在水面追猎小虫。蜉蝣可能刚刚露面，这个消息便以某种神秘的方式迅速传遍周围的乡村。燕子的数量非常之多，整个的种群——家燕、毛脚燕、崖沙燕和雨燕，铁定从若干英里内的村子、农庄、沙岸聚集到这个地方来了。在池畔有一条绿色地带，长约一百二十或一百三十码，宽约四十至五十码，在这片地面从这头到那头燕子迅疾而畅通地来回滑翔。整个地方似乎由于它们而生气勃勃。我匆忙来到这里时经历过一次奇遇，也许值得一提。我有次步行过一些散落的荆豆丛，一边专心地注视前面的燕子，脚下几乎踩上一只母雉，它正卧在一丛矮灌木旁光秃秃的地上掩蔽着它的幼雏。一见到它，我及时吃惊地后退了；接着，双足距离这只鸟儿约一码，我站定盯着它看了一会儿。它一动也没动，像一只用什么斑驳而磨得极光的石头雕出的鸟，但它圆而明亮的眼睛却有着高度警惕和狂野的眼神。尽管它保持十分平静，但这只可怜的鸟儿准陷于恐惧和疑虑的极端痛苦之中，我纳闷它会忍受这种紧张多久。它坚持了大约五十秒，然后突然爆发出不断的尖叫，这么剧烈，使它的七八只雏鸟向四方奔逃而去。它们距离我有两三英尺远，犹如一个个小绒球；它自己也飞出有二十码后落到地上，然后开始扑打翅膀，一边高声叫唤。

我于是继续往前走，三四分钟后到达绿草地。那里有一群燕子在飞舞。它们数以百计，飞翔在不同的高度，但大多数低飞，所以我可以俯视它们，这些鸟儿形成一个奇特而美丽的景观，它们那么密集，飞行径直而快速，从而在表面形成一道急流，或更准确地说是许多道急流，在相反的方向并排而飞；要是眯缝着眼睛观赏，鸟群便像绿底上的黑线，它们一声不响只是偶尔有似崖沙燕微弱的啁啾声；在整个这段时间内它们根本不理睬我，不管我是站着不动，或在它们中间走动；只有当我偶然直接把一只向我飞过来的鸟儿挡着时它会偏向一旁，其间隔恰够避开跟我相碰。

那天黄昏，我也看到了为数众多的一批戴菊鸟，它们也被惊扰了，不过它们的举动使我吃惊并且大为困惑不解。如同我跟雉相遇，它们的举止引起我特别的兴趣。那一大群燕子的奇观和对我的冷淡，在我的脑海中记忆犹新。这件事对在这里讨论的题目只有间接的关系，但我认为值得一谈。

离佛伦斯汉姆的池塘群约二英里有一个冷杉种植园。在树木间零散地生长着许多荆豆；在前几次穿过这个林子时我注意到那里面有许多戴菊鸟。某个黄昏日落后，我很快走过这片林地，当我走了八十至一百码后，发现另有一群鸟在我上方的枝头骚动不安——我也意识到它们的骚动不安已有一段时间了，由于我沉浸于思考所以未曾注意到。为数不多的戴菊鸟在枝头疾飞，从一棵树飞向另一棵，始终在我头上和附近，一齐发出它们猛烈的惊呼。我停下来倾听那小小的尖厉的合唱声，尽可能躲在树枝遮掩的暗处观察那群鸟儿在极其激动的情绪下四处乱飞。我十分清楚自己就是这兴奋状态的根源，只要我站在那里鸟儿的数目就愈来愈多，一直增加到不少于四十至五十只；我重新走路时，它们还跟着我。可预料到要是走近海鸥、燕欧、鸻，或某些别的鸟类的营巢地，它们会聚集成乱哄哄的一伙对你厉声叫嚷，但是像戴菊鸟这样的一种通常对人不加理睬的小生物怀有敌意的示威，我觉得则是很不寻常而且滑稽的。我扪心自问，它们突然表现的惊恐原因在哪里呢？为什么前几次我访问这个林子它们一点也不激动呢？我只能假定在我不知道的情况下触动了它们的巢，于是亲鸟发出警报声使其他的鸟兴奋起来，促使它们在我附近集结；又有可能是由于在昏暗的光线下误认我为某种贪婪好杀的食肉动物。三个月后，我偶然发现了自认为推理正确的证据。

八月份我正在爱尔兰，寄居在威克洛山区[①]的一栋农舍里。马厩内有几个燕巢，其中有一二个位置极低，甚至伸手可及。燕子进进出出对任何人在场都不注意。几天之后小燕子出生了，在屋顶上或近处的矮篱上站成一排，亲鸟在这里短时间给它们喂食。在这些幼鸟自己能生活后它们依然留在房子附近，并且有邻舍的家燕和毛脚燕参加进来。一个阳光灿烂的早晨，这天有不下四十至六十只燕子在房子附近乱飞，一边欢快地啁啾，我走到果园去摘些果实。一只燕子突如其来在我头上发出高昂的尖呼警报，同时向我冲击过来，几乎擦着我的帽子，然后腾起，它继续进行袭击，一边叫唤不停。其余的家燕和毛脚燕立即全体赶来参加，齐声叫嚷，在我上方不停地飞翔，但不像第一只鸟那样对我俯冲。有一会儿我对这次攻击非常诧异；然后我看看周围有没有猫——我想这准是发现猫了。猫有藏身在醋栗丛中的习惯，当我俯身去摘果实时它就突然跳到我背上。但此刻附近哪儿也没有猫咪。在燕子继续对我冲击的同时我又想准是在我头顶上有什么东西使它惊恐，我立刻摘下帽子开始检查。一下子惊惶的叫声停息了，整个燕群分散向四面八方。无疑是我的帽子造成了这次骚动。帽子是花呢做的，颜色暗灰，有深褐色的

① 爱尔兰威克洛郡的山脉，为伦斯特山系的一部分。山区由一庞大背斜构成，中央是裸露的花岗岩，还有板岩和砂岩。其大、小舒格洛夫山是由火成岩侵入构成。最高峰勒格纳基利亚海拔926米，覆盖着坚硬的云母片岩。山脉中有许多优美的山谷。

条纹。我把它扔到灌木丛中的地上，它的颜色与花纹像一只灰色的有条纹的猫。谁看见它躺在那里都会猛然误认为是只猫蜷卧在灌木丛中。于是我记起佛伦斯汉姆戴菊鸟起哄的那一回，我一直戴着这同一顶令人产生错觉、看起来危险的、用于钓鱼的花呢圆帽。当然这顶帽子只能让鸟儿从上而下俯视帽顶时产生错觉。

DAW

寒鸦

又称Jackdaw。属雀形目鸦科，形似乌鸦，长33厘米，黑色，项灰色，眼似珍珠。在树洞、峭壁和高建筑上成群繁殖，成队在周围翱翔。产4～6枚卵，卵浅绿蓝色，有斑点。

Daws in the
West Country

· 第三章
西部的寒鸦

* 寒鸦一般在英格兰西部和西南部的数量要比其他地方多一些。在索姆塞特最多，或许我觉得是这样。在威尔特郡的萨维尔纳克[1]可以见到全国最大的寒鸦集群。因为森林中心部分古老的空心山毛榉和橡树为它们提供了营巢需要的空穴。在索姆塞特没有这样腐朽的老树在一个地方吸引这么多的鸟儿。但这个地区一般来说对它们是非常有利的。它主要是一个田园区，有大片的丰茂低平的草地和连绵不断的高山，这里有许多寒鸦喜爱的石壁，它有充分的理由比海蚀崖更喜爱内陆作为繁殖的场所。首先，这是在它的觅食地中心，海堤在这里为觅食地形成一道边界，寒鸦不能超越这条界线。更优越的是内陆的鸟类具有可以在恶劣的天气下以鸟巢为据点来往飞行的巨大好处。要是强风从海上吹来，海滨的鸟必须始终跟风搏斗，只能通过翅膀运动才能返家；内陆的鸟则能按照风向朝这一边或那一边飞行搜索目标，每每借助风力超越障碍。

*

① 英国最大的森林。

索姆塞特郡还有一条漫长的海岸线以及若干英里的海蚀崖，但这里寒鸦的出生地跟其他地区相比则范围要小些。在内陆的悬崖峭壁上繁殖的寒鸦，光以栖息在索姆塞特埃克斯山谷的数量计算就可能大大超过密德尔塞克斯或苏莱或埃塞克斯的总数。

最后除了悬崖峭壁和森林，这里还有古老的乡镇和村庄——小小的乡镇和村庄，居然有差不多像中世纪大教堂一样的教堂。在尊贵威严的教堂方面，英格兰有别的郡比它更丰富，似乎没有任何建筑物比格拉斯顿伯里[①]型的大垂直塔楼更吸引“教堂寒鸦”了，它们在这里是如此普通。

飞鸟最喜欢栖息的老城镇，以它们的数量排名次，威尔士要居榜首，如果威尔士没有飞鸟，它依然是一个你能感到愉悦的城市。在整个西部有不超过半打的城市（假如我不得不居住在城市），在那里你会觉得生活不成为负担，这些地方当中有两个是在索姆塞特——巴思和威尔士。前者以后再谈；威尔士在我的偏爱上名列第一。在四月和五月初从一个邻近的山峰上眺望，它的景色只能使我心旷神怡地叹赏不已。它的大教堂肯定是这片土地上最可爱的杰作，美得不能再美，即使没有大批的寒鸦以它为家。每天都可以看到几十只，好像栖止在那一大群天使，圣徒，使徒，王，后，主

① 索姆塞特郡西南部城市，当地大教堂为英国著名古建筑。

教们石雕的头部、手上、肩上的黑色的鸽子，装饰着教堂面西的一面。建造这幢建筑物的时候——不从照片或绘画上去看，也不通过纯粹的建筑师或考古学家的眼光去看，它们只看到精美的建筑而不看环境——人和自然比盖别的建筑时更显得和谐融洽。

没有飞鸟的威尔士是难以想象的。被树木花草装点后赏心悦目的青山迤逦而来，牛群在山坡上吃草；凤头麦鸡在岩石间营巢，振翅疾飞的红隼一动不动地高悬在山顶的天空。大自然环抱着它，呼吸吹拂着它，从四面八方轻轻爱抚着它；喜爱它的河流从古代起就把自己的名称赠给它，至今依然持久不变的岩石间喷吐着泡沫，让清澈的河水从街道旁边奔流而过。在农村似的城市的周边以及城市里都有鸟儿生活，绿啄木鸟在紧挨着大教堂的一群古柏和古松上高声笑语——你在大不列颠联合王国内的任何城市都听不到这种林地的声音；流过大主教堂邸墙外的护城河旁，长有许多老榆树，白嘴鸦终日在上面的鸦巢内聒噪。但是大教堂的寒鸦，由于它们的数量，成为威尔士最重要的飞鸟。这些在城内栖居的寒鸦被称作“主教的杰克”，以别于“埃博尔杰克”，后者是指大量在附近的埃博尔岩壁上栖息繁殖的寒鸦。

埃博尔寒鸦仅仅是沿切达尔谷扩张的一系，群落的头一个。在威尔士和这一地区的居民当中有一种奇异的信念，埃博尔杰克养作宠物要比主教的杰克为佳。倘若你想要一只幼鸟，那么出生在崖壁上的要比出生在大教堂的价钱高。有人向我保证岩壁寒鸦更加活泼、机灵、有趣。在黑斯廷也一直存在相似的看法，居民和渔民中有一种说法：“一只格兰杰寒鸦比城堡寒鸦多值半便士。”格兰杰岩壁，一度是那个地方的寒鸦最喜爱的繁殖地，久已陷入海中，这个说法或许已经消失了。

在威尔士大教堂的寒鸦——至少有两百只——多半在石像后面的空穴繁殖育雏，这些雕像在朝西的一面，一排排、一层层站立在自己的神龛内。四月间是寒鸦营巢最繁忙的时候，每天清晨它们经常形成一长串，每只鸟都衔着一根小枝飞向西面，我观看这一场景以此为乐。这个工作在早晨结束，八点半左右一个男子推着小车来到，把失落的小枝扫集起来——总是装满一大车，垒成高高的一堆，要是不这样清除，几天之后就会成为一面土墙或防栅，成为通往大教堂的障碍。

人们常常注意到寒鸦虽然是一种聪明的鸟，在筑巢的时候却奇怪地表现出缺乏判断力，老是因为带回来的树枝太大而不适合筑巢的洞穴。例如每个早晨我翻检零乱的落枝，它们的长度从四五英尺到七英尺不等。这些非常长的枝条因为既细又干，鸟儿能叼得动，可携带着飞行，因此按它们的头脑估计，是适用的。过程是这样：某只寒鸦发现一根枯枝，它认为那可用于筑巢，不过唯一测试它的可用性的办法是用嘴衔着，然后携带它飞行。若这根枝条有六英尺长而洞穴只能容纳不超过十八英寸的，它只能在回家后发现这个错误。问题来了，是不是它一生都不断重复这种离奇的错误呢？你真难以相信一只有经验的老鸟会日复一日年复一年地在收集和运送，到头来又不得不将营建材料抛弃，从而浪费它的精力——也就是说，事实上它的智力是跟那些什么也不忘记，又什么也没学到的大批比较平庸的生物处在同一水平。无可怀疑的是，寒鸦曾经也是树林中的建筑能手，它所有的“亲戚”中只有在崖壁生儿育女的红嘴山鸦没有这个能力。它甚至有能力回到原来的习惯去，这方面有一例子是我最近得知的。一个寒鸦的小群体过去几年一直受到注意，它们用小枝在一个苏格兰枞树的浓荫中营巢育雏。这个集群也许是由一只在小嘴乌鸦或喜鹊巢中孵育长大的寒鸦所繁殖的。再者，在洞穴中育雏的习惯肯定是非常古老的了，考虑到寒鸦是我们的飞鸟中最机灵的种类之一，你不能不对它们筑巢工作的普通粗糙、原始、笨拙而感到惊异。我们通过大量仔细地观察得出，在工作中智力的差别最多也只表现在个体之间。有些个体犯的错误较少，可能是它们从经验中学到教训；可是假若情况如此，它们较好的解决办法，子女得不到遗传。

一天早晨，在威尔士，当我站在大教堂的草坪观看忙于干活的鸟儿时，我亲眼目睹了一个难得而奇异的景象——对鸟类学家是如此有趣的一幕。从一只寒鸦的口中掉下一根小枝——在那段忙碌的时间内随时发生的十多次以至更频繁的小事故，但这一回鸟儿刚掉下它，随即就冲下来想重新衔起来，正如同你看见一只麻雀掉下一根羽毛或稻草，当羽毛或稻草还没有掉到地面时，麻雀立即想去把羽毛或稻草叼回来。那根沉重的枝条径直而迅速地掉到了人行道上，寒鸦顿时俯冲把枝条用嘴咬住，接着吃力地飞起来向巢洞而去。这个洞有四十至五十英尺高。在它追逐那根枯枝的一瞬间，另外两只寒鸦碰巧站在上方的壁架上，跟着它飞下来，仿照它的举动两只都衔起一根飞向他们的巢洞。其他的寒鸦也照此行动，几分钟内只见一群寒鸦上下起落，每只鸟都衔着一根小枝。沿着教堂整个西面的人行道上有好几百根的树枝，寒鸦继续飞下来到这个第一只寒鸦掉落小枝的地点，这一现象看起来引人好奇。过一会儿，使我感到遗憾的是鸟群突然不知被什么事情一惊，一哄而起，此后再也没有一只飞落下来了。

马上清洁工过来将这地方清理干净。在开始工作前，他郑重发表了下面的意见："这不奇怪，先生，你考虑鸟儿采拾枯枝的距离，还有运送它们花的力气，它们绝对不会想到下来拾取已经掉落的东西。"我回答以前我也听到过这一说法，不过那都是在书上写的。接着我告诉他亲眼目睹的这一现象。他非常惊异，说这种情形在这个地方从未亲眼见过。这使他有点心情不能平静，听说这种违反大教堂寒鸦传统的保守举动的表现他表示愠怒。

之后的好几个早晨我对寒鸦继续观察直到它们把巢筑好，但未曾发现它们这个群体在智能上有新的突破；它们再一次回到不嫌麻烦的传统老习惯，这让带着扫帚推着小车的清洁工显然松了一口气。

巴思像威尔士一样，是一个有大量自然景观的城市。它坐落在一个有山林石水的地区，因此像威尔士一样，这是一个为寒鸦和其他野生鸟类喜爱的城市。该城用白色石头建立在一块长方形盆地的洼地内，埃文河流贯其中；虽然也许由于太大而美中不足，但景色特别宜人。“它的石垣不成为牢笼”因为它们不把周围景致和声音挡在你的视野之外：你到任何一条街道走走，即使是最低矮的地区，小城最热闹、最嘈杂的中心，只要抬眼一望，一座青山就在不远处；站在环绕城区的山顶上眺望，在空气相当明净的情况下巴思呈现出一片美丽的风光。一天下午我出外散步，走出两英里刚到达巴罗山顶的时候，突然刮起一阵狂风暴雨；等风雨过去，太阳在我身后喷薄而出，在远处青山和黑云的背景下，小城闪耀着皓白色的光辉为雨打湿，被阳光染红。接着在黑灰色的天空出现一条完整而明亮无比的彩虹，它的一方横越青山，落定在城市的中心。所以，透过一条青紫色的轻倩的雾带便能看见那高高的，装饰华丽的古修道院教堂。偶然看到的那阵暴风雨和那条彩虹赋予巴思一种独特的优雅的光彩，它留在记忆中的鲜明不谢的画面或许在我的心中太多地跟对巴思的怀念联系在一起，使人产生一种对它的魅力的夸大的印象。

一八九八至一八九九年冬天我逗留在巴思的时候，甚至在城市中心也能看到大批的鸟。在我僦居的新王街屋后面，那里有一段狭长的地带，名为花园，其实没有什么植物，除开几枝枯茎，几个树墩和两棵没有叶子的树木。晾衣的绳子挂在那里，地上是乱丢的旧砖和垃圾，在这段地面较远的一头是一栋禽舍，里面饲养着家禽，还有一间小木屋和一堆木头。可是有大量的各种各类的飞鸟来到这个看似没有“发展前途”的地点，椋鸟、麻雀、苍头燕雀最多，同时乌鸫、画眉、知更鸟、篱雀、鹪鹩也各有一两只作为代表。鹪鹩生活在木堆里，是这个小小的羽族社会里唯一不啄食扔来的面包屑和零星食物的成员。

要是发现所有这些鸟儿或它们的大部分都在市中心这一小块地方越冬，并不令人惊讶，那完全是因为这里为它们提供躲避风雨和防御寒冷的庇护所，以及有时偶然投来的食物。我定期喂它们，这不假，不过它们在我到来之前总在那里。然而这不是一个对它们绝对安全的地方，因为常有猫来侵扰，尤其是一只大黑猫。它总是悄悄来回走动觅食，当它蹲伏下来守伺或准备靠近它们时，它发亮的黄色眼眸中有一种特殊的杀气腾腾的闪光。人们不禁以为这些鸟儿看到在那黑色的魔鬼般的脸上这样的眼睛内的这种光芒，足以使它们的血液因为突如其来的恐怖而凝结不流，从而无力逃跑。可情况不是这样，猫既无法使它们受到震撼动弹不得，也无法对它们进行突然袭击。只要它刚开始实施它的诡诈手段，整个鸟群立即起来防备——乌鸫尖厉嘹亮的“号角”头一个吹响起来，然后是椋鸟会愤怒地叽叽喳喳不休，画眉尖声叫嚷，苍头燕雀开始全力“品克，品克”地呼喊起来，其他的鸟也一齐参加进来，甚至躲躲藏藏的小鷦鹩也从它们藏身的堡垒——柴堆里伸出头参加这场示威。然后猫儿会识相地撤退，或者到小棚倾斜的屋顶上或别的什么隐蔽的地方蜷缩起身体睡觉去了。在这个小小的“共和国”内，鸟儿们满足于跟它们的敌人在眼皮底下互相看得见的地方共处，只要它睡着了而不是密切注视它们，和平与安静便再度恢复。

发现蓝山雀也在屋后的来访者中后，我在灌木丛的枝条间挂起几块板油和一只椰子。板油立即遭到狼吞虎咽，但从蓝山雀对待在风中摆动的那个圆圆的棕色物体的可疑态度判断，巴思的山雀以前从未接受过椰子的招待。尽管可疑，这个独一无二的东西还是大大地激起了它们的好奇，这是一目了然的。第二天它们发现，这是为了讨好山雀端出来的新鲜美味佳肴，从那时起，从早到晚鸟儿们总是来来去去品尝不停。共有六只鸟儿，有时一齐到来，每只都急于想占一个位置，可是占到了位置又从未能保持它一次超过三四秒钟。从上面的一扇窗户下望，看着它们停歇在吊着的椰子上或是绕着它飞来飞去，就像一群特大号浅蓝色苍蝇围着这只果实团团转并吃得津津有味。

麻雀无疑是巴思最多的鸟，我一般不加理会，仿佛没看见一样；数量仅次于麻雀的无疑是椋鸟。我们知道它们到处都在增多，但在英格兰别的地方我没见到有这么多。它们总是成群结伙，一群有十多只到五十来只，忙于在巴思城内和周围的每块草坪和绿地寻觅幼虫。要是你走上某地高地以便下望巴思，可以见到成群的椋鸟从四面八方飞来飞去。你在街上行走，铿锵的“克林克——克林克——克林克”的声音便能从各方传来——对大多数人，热闹的小城更嘈杂的声音使这声音小得听不见。就好像每栋房子都有一串小铃藏在屋顶的普通瓦和石板瓦下或烟囱管帽当中，它们老是在摇响，每只铃又都有裂缝。

普通或不留心在意的人在巴思看到听到的寒鸦远比任何别的鸟多得多。寒鸦在全城到处都可看到，它的声音也可以听到，但在修道院教堂附近最常见，在这里它们整天翱翔、嬉戏、吵吵闹闹。要是它们以为没有人在观看，就飞到大街上拾起带走它们一眼看到，看起来可以吃的任何东西。

就是在这个中心地点。一天我悠闲地站着观望这些鸟儿在大教堂周围自寻乐趣，听它们的聒噪声，这时开始想起罗斯金[①]的话，我不仅赞赏，如我好久以前头一回读到时那样，而且也加以批评。

罗斯金是我们最伟大的散文家之一，通常他的“画论”是最出色的，他描述他在自然和艺术中看到的美，是语言中“文字绘画”最完美的典范。在这些绘画评论中，他的笔锋表现出他所看到的视觉形象的感受，不仅如常人般有最重要和最具理解力，但比其他所有的感受更为重要得多的是，它发展到这么不寻常的程度，使他显得像一个有着独一无二的感觉的人。我们可以说，这种压倒一切的感觉造成其他感觉的衰退，或从其他感觉得到滋养。对我来说，这是一个我最佩服的作家的缺憾；因为他虽然让我看到，而且从中感到愉快，原来在画中潜在的美以及一切在美和光彩艳丽中得到的东西，可是我从画图中失去了一点什么，就像我从某位作家的自然描写中失去光和色，不论它写得多么美。这位作家的视觉对他无关紧要或几乎无关紧要，但其他的感觉则达到最高的至善尽美的地步。

---

① 约翰·罗斯金（John Ruskin，1819～1900），英国作家、评论家和艺术家。在建筑和装饰艺术方面拥护哥特复兴式运动，对维多利亚时代英国公众的审美观有重大影响。代表作《给那后来的》。

无疑，罗斯金首先是一位艺术家。换句话说，他观察自然和一切可见的东西都是有目的的，我却几乎没有这种能力；他的目的的反应效果是使对他表现的自然绝不会对我表现出来——那是一幅油画。但这个问题，我在一句句子中接触到的，需要一卷书来阐述。

罗斯金曾写到过这些教堂寒鸦："那股像漩涡一般漂流的黑点，时而接近，时而分散，忽然间又落到浮雕与鲜花间隐蔽的地方。这一群不安分的鸟儿使整个广场充满它们那种奇异的喧闹声，如此嘈杂又如此令人欣慰。"照我看，似乎他只看到了这些鸟但却没有好好地去倾听；要不，是他感觉它们发出的声音对整体景观的印象无关紧要——跟视觉所见到的影像相比，声效是一个如此无足轻重的因素——实在不值得注意和加以准确地描写。

可能作家仅在谈到寒鸦这个特殊例子上，对它们的声音以寥寥数笔结束了他的描述。他对此印象想得不多，大概他对自然的声音总是模糊不清的，比较诗人柯伯[①]在他最优秀的作品片断所写"与本身难听又嘈杂的声音截然不同的是，罗斯金觉得，由于他是在一种宁静和平的环境中听到的，所以还能够对我们产生使人欣慰的作用"。

顺便提一下，就像罗斯金表达的一样，我们可以在柯伯

① 威廉·柯伯（William Cowper，1731～1800），英国诗人。被称为18世纪英国浪漫主义诗歌先行者。

对文森特·伯恩[1]写寒鸦的诗句意译中发现，柯伯对寒鸦声音的概念同样是错误的：

> 有一只鸟儿，从它的羽毛
> 并从它的声音的粗哑来看
> 可以认为是一只乌鸦。

寒鸦有时能发出粗哑刺耳的声音，但大部分鸟类都是这种情况；但它通常的音调——呱呱地叫喊是有一百种转换变化的，我们可以日日在寒鸦众多的地方听到，它既不像乌鸦的声音那般刺耳，也不像白嘴鸦的那般粗哑。事实上它不似前两种鸦类的沙哑且刺耳的呱呱声，犹如雄鸡号角式的喔喔啼鸣，不同于猪的咕噜咕噜。你不可以把它描述为钟的鸣叫声一般，并不是金属性的，但高昂而清晰，含有一种动人的野性，同时却像金属声传得很远；它的优良性质只要再改进一点点简直可以使人听起来像音乐。

有时候我走进这座古老的修道院教堂或者某个大教堂，找到一个座位坐下来后，开始先打量一下一大批有带子的女帽，然后看到一个蓄着黑胡髭，脸色苍白的年轻牧师。他穿着白色弥撒祭服，站在读经台前面，我听着他在不断

---

① 文森特·伯恩（Vincent Bourne，1695～1747），英国用拉丁文写诗的诗人，柯伯在中学的老师。柯伯曾将他的诗译成英文。

的嗡嗡声和咕哝声中急促地念着祈祷书的部分，那噪音有如一只巨大的反吐丽蝇在宽广而昏暗的教堂内部游荡。于是我走神而没有听他念些什么，因为我不知道他将祈祷书读到哪里了，我找不到，不管我怎么想找到——却很轻易地想起户外的寒鸦，想到要是那个年轻人只要爬到那最高的塔楼上或屋顶上去住在那里倾听它们，为期一年，努力模仿这种鸟那清脆的、深入人心的声音，到时候他便学会了这难得的美妙的发音艺术，吐音清晰，能被人们听懂那该多好。他的女性爱慕者可能会把腰间链子上挂的种种小玩意赠送给他。

还是打住我的胡思乱想，回到柯伯来吧——这位诗人最近很受到人们的关注，我们也许觉得他是一个世纪前去世的人中最具有现代意识的一个。毫无疑问，他作为一个博物学家，如同历代诗人一样地糟，不过如同任何真正的诗人一样他完全有权利成为博物学家。比方说，像莎士比亚[①]、华兹华斯[②]、丁尼生[③]一样差劲，不过他没有像华兹华斯一样把麻雀

---

① 莎士比亚（William Shakespeare，1564～1616），英国最著名的戏剧家、作家、诗人。在世界文学中占有独特的地位，其代表作有《罗密欧与朱丽叶》《哈姆雷特》等。

② 华兹华斯（William Wordsworth，1770～1850），英国浪漫主义诗人。与S.T.柯尔律治（Samuel Taylor Coleridge）和R.骚塞（Robert Southey）被称为“湖畔派”诗人。

③ 阿尔弗雷德·丁尼生（Alfred Tennyson，1809～1892），英国维多利亚时期最受欢迎和最具特色的诗人。

和篱雀混为一谈，这是真的，也没有像丁尼生一样混淆白鸮与褐鸮，更没有用“三月的海蓝鸟”使鸟类学家困惑不解。但我们必定记得柯伯曾写过几行致一只在新年歌唱的夜鹰的诗。显然他对乌鸦不甚了了，因为他在一七八〇年五月十日致友人纽顿的一封信中写道：“一只乌鸦，白嘴鸦或渡鸦在爱斯珀雷夫人的果园的一棵幼榆树上筑了一个巢。”他写下这些话：

> 它的啼声本身呕哑啁哳，
> 可是在和平宁静的环境下听到，
> 只有在这里是由于这个缘故
> 令人非常满意

我已经指出误导罗斯金说的那些话，肯定也误导过别人——但柯伯却有更深的理解。他真实的感觉，更好、更明智的想法，表现在他的一封绝妙无比的信中：

“我的温室，当我们准备要想放弃时，从来没有使人这样心情愉快……我把窗门全部打开，坐在里面，尽情呼吸着好像种满鲜花的花园里的种种花香，因为我知道是怎样栽培的。我们没有养蜂，不过即使我生活在蜂房中间，我也不会听到更多的蜜蜂的悦耳音乐了。邻家的所有蜜蜂都飞到窗户对面的一块木犀草的花坛中来，它们通过一阵嗡嗡飞舞把采到的花蜜报答我，这声音虽然相当单调却让我听来悦耳舒服，如同我的朱顶雀的口哨声。大自然发出的所有的声音都是悦耳动听的，至少在这一地区。我当然不会觉得非洲狮和俄国熊的吼声好听；但我也不认为英国的任何野兽的叫声难听，除了驴子嚎叫。我们所有的禽鸟鸣声都使我喜爱，毫无例外。我确实未曾想到为了在客厅内听到它嘎嘎的叫声，要在笼子里养一只鹅；但在公地上或者农场场院上的一只鹅，那又是另外一回事；至于昆虫，相反，不论它们唱什么音调，包括蚊蚋优美的最高音到大黄蜂的低音，我都赞赏。认真地说，在我看来，这些是上苍赐给我们的一种恩惠，而且这种恩惠是一个非常值得注意。在它的听觉和这类声音之间所制定的一种完全的和谐，至少在农村环境里，在每时每刻都可以觉察到。”

谁不感到这一说法是千真万确的呢？一切自然的声音在合适的环境下听到都是动人的；即使像人造的噪音那样，我们认为是刺耳难听的，但也不折磨、刺激你的神经，使人难受。柯伯觉得驴子吼叫在动物中是个例外，但他从未在合适的情况下听到它，我却常常听到。印象最深刻的，那是在一个荒凉寂静的地区，那里有一群半野生的驴群在原野上游荡；这声音从远处听来表现出一种跟情景和谐一致的野性，由于它比平常的力量更为大得多，因而比野天鹅的唳鸣，野马尖厉的嘶鸣和其他野生动物的呼叫更影响心灵。

关于鹅在自然状态下发出的声音以及它对心灵的影响，我将在谈这种鸟的一章内谈及。

WOOD PIGEON

林鸽

即斑尾林鸽。属鸠鸽科鸽亚科。见于欧洲、北非和亚洲西部（东到锡金山区）。林栖。体长约40厘米。体浅灰色，具白色颈圈，翅上具白色横纹。雄鸟向雌鸟进行“求婚喂食”后交尾。每窝产卵两枚，一年可孵育3窝。在地面觅食种子、谷物和浆果。

WOOD PIGEON

EARLY SPRING
IN SAVERNAKE FOREST

· 第四章
萨维尔纳克森林的早春

* 当春天的感觉出现在血液中时，我们便会产生什么模模糊糊又不知道究竟是什么的渴望。当我们烦躁不安，似乎在等待看到什么障碍得到排除——被风吹散和被风洗净——打开某种通向幸福与自由的道路——也就是常常多少有点捉摸不定的形式的感觉时，我们便想去往某些地方，远离人类社会，靠近旷野的自然。在这样的时刻我想到了所有我想去的地方，一处就是萨维尔纳克，我在下面描述的两个季节去过那里，天天信步漫游在无边的森林里，忘记了世界和自己。

*

并不是那里春天来得早，相反，实际上倒是比周边迟了许多天。这个时候，在森林外部，连着向阳的田埂和树篱边的其他所有荫蔽的地方，一年当中最初茁长开放的花草已然绽开——紫的、白的、黄的。几乎完全由山毛榉和橡树形成的树林，却还是光光的没有树叶。感觉这里是一个看起来有点郁郁寡欢，了无生气的寒天。另一方面是跟早春的气氛协调一致的广阔和旷野之感；即使在最阴沉的天气下也透露着正在到来的变化迹象。站在某条宽广的绿色车道上或别的露天空地，你会看到到处都是一英亩接着一英亩、一里接着一里的雄伟的山毛榉。它们上部的枝丫和末端的细枝结成的网，从远处望去好像堆集起来的密云。由于它们中间奔涌着暗色和暗紫色更新了的生命，林中时时传来欢快的野生动物的呼唤，它们远比我们更敏锐地感觉到季节的变化。首先，我们发现这里有在英格兰所罕见的孤寂，不存在过多的人欲。尽管我们都是社会动物，如果不完全是森林中野人的话，有时我们在内心却希望是“隐士”；我们把自己关在屋内或室内与世隔绝，这不过是可怜的替代办法，不，一种赝品；等于把我们禁闭在笼子、监狱里，也难于隔绝无处不在、令人难受的传统气氛，无法使我们恢复活力，振奋精神。有的季节和气氛，即使新林[①]也似乎不完全与社会隔绝；在它最偏僻的地方你总是不难遇到人；一个老居民四处走动，行使他普通人的权利；不然也会遇到他养的小马、母牛或猪。这些家畜，如果它们不是改良的品种，也可能有新颖别致的外貌，仿佛野生动物一般，不过那外表是靠不住的；你经过的时候它们抬起从死叶中翻寻食物的长嘴，向你“咕咕”地打一个非常友好的招呼——意思是让你确信威廉·路弗斯[②]已经去世，一切均平安无事；它们是家养的，

① 新林：汉普郡西南部林区，在埃文河与海岸之间。

② 路弗斯：美国俚语，指乡下人，这里是泛指。

会在栏圈里安度晚年，然后经屠夫的手可敬地结束一生。

在萨维尔纳克没有比猪更人性化的动物了。你可以漫游好几个小时而见不到家畜，你听说过这片地区是某人的财产，但几乎像无稽之谈。森林是大自然的，也是你的。你可以在那里整天随意信步闲游而没有人找你的麻烦；散步也好，奔跑热身也好；或干扰一群荆鹿或数量更多的黇鹿。看着它们站着对你凝视，接着突然一下迅速跑开，露出斑斓的尾巴，全体保持一种严格的纪律一排接着一排，越过草地，奔跑的姿态轻盈而步子细碎，使你觉得别有风味，而多多少少像飞鸟。你也可以在一丛浓密的山楂树旁，或一棵巨人般的橡树或山毛榉下，像蛇一样蜷缩起身体躺着享受着春天的温暖，同时在你藏身之处之外，阴冷萧瑟的大风正呼啸而过。

每次这样或坐或躺上一个钟头倾听风声是一个值得走那么远去尝试一下的经历，对恢复精力非常有用。那是森林特有的一种神秘的声音，它对我们说话，它表现生命的活力似乎比大海所表现的对我们更贴近、更亲切。毫无疑问，因为我们本身起源于陆地和林地；也因为这种声音在性质上更加无限多样化和更有人情味，有叹息和呜咽，有哀诉和尖呼，风吹的低语像远方一大群人混杂的谈话声。在绵延的林子里的一阵大风常常产生这种音乐韵律的效应，大海般的声音和有节奏的连珠迸发在狂飙最高的时候又消沉下去，接着而来的间歇里只有细细的神秘而激动的低语；但它们是纷纭的，引起的联想总是一个大汇合——种种人群与集会，时而喧嚷混乱，时而秩序井然，但全体会被一个庄严或热烈的吸引人的推动力所摆布，但不总是同时进行。通过近处的低语，从远处传来更深沉更喧噪的声音。它发出的隆隆声犹如打雷，一面匆匆滚动向前；它又是有附和的，但随着靠近而变化，最后不再唱答；被吹打的树木都朝一面弯曲；它们无数的声音化为一个，表达着我们所不知道的意思，但永远有某种对我们不完全陌生的意义——悲悼、恳求、责备。

一边谛听着什么也不想，单纯生活在风声里，心灵萌生出那种跟我们一点也不相干，而是有关大自然中固有的生命和智慧的奇异之感。我有时想，在一个平静的月华如水的夜晚，在孤寂的树林里，昏暗苍郁的树荫被月光镀上银色，所有看得见的物体在林中空地上的黑白交错的光与影中似有了灵魂，这时再没有比这个世界似乎更有生机，更清醒地守望着我们的时候了。但并非一直如此，假如存在适合的条件，假如我们沉浸于我们的寂寞状态，犹如水晶球的占卜者通过凝视使灵魂进入水晶球，思想上有所准备，这种功能无论是白天或者黑夜，是能够发挥完全支配我们的。

由于树木多半是山毛榉——一英里又一英里的大树，其中许多因为老而腐朽已成空干——落叶是森林景色的一个重要方面。它们堆积在所有深深的洼地和幽谷以及被流水冲蚀成的渠道之中，深达半码至一码。在被树木荫覆遮蔽的地方，落叶覆盖着地面——亿万片难以计数落下来的山毛榉死叶，这些叶子总是像活着似的，它是一种不肯完全死亡的树叶。不管怎么说，如果不是长生的话，与树木分开后它获得第二次更长的生命。橡树、楞树、栗树的叶子逐月枯萎变黑，最后腐朽，跟泥土混合、消失，而山毛榉的叶子则能保持它轮廓分明的边缘而不致自体破裂，树叶结实的纹理，火红的色彩完好如初，从而保留它的飘浮性以及沙沙的刺耳的声音。树叶被雨打落，又让秋风扫进被树荫挡住的坑坑洼洼之地后，它们混杂成了弥漫着死亡气息的一团潮湿物，一躺就是好些日子，表面看来要跟土壤混成一片，但霜和太阳吸干了湿气，死叶又起死回生。它们炽红如火，风一吹就颤动起来。看到它们纷纷落在我的周围，当阳光强烈地照在上面时，树叶闪耀着铜色、金色、红色，并不是死气沉沉的样子，而是像一条条睡在温暖宜人天气下的色彩鲜艳的蛇；要是有风吹过去，它们就颤动起来，身子挪移着仿佛醒了过来；随着风力的加强三三两两地以至五片六片地四处飘飞，互相追逐一小段距离，一边呲呲沙沙地叫唤；接着忽然间，被一阵强风所刮，成千上万的叶片飞起来，回旋着飞舞，向上飙升，分散飘游到它们原来依附的高枝上。

在一个平静无风的日子，在阳光照耀着下面的黄叶和上面紫红色如云般的枝丫，禽鸟的鸣声是森林主要引人入胜的景观。在鸟啼当中斑尾林鸽的咕咕声给予我最大的愉快。有读者也许会指出这种野鸽的歌声比它平淡的咕咕声更好听。这个问题确实被人思考得很少。在大多数鸟类的专著中甚至没有提到斑尾林鸽有这样的鸣声，然而我喜欢它的咕咕声胜过它的歌唱。鸽子歌声的本身——由半打抑扬的音乐组成的固定的曲调，重复三至四次，很少甚至没有变化——在晚冬和早春偶尔可以听到，但是在一年中的这个时候禽类的鸣声太干巴巴而沙哑，并不悦耳。鸣禽还没有摆脱它季节性的"感冒"；那声音有时也许是一只患有鼻咽黏膜发炎的乌鸦发出来的声音。随着季节的推移鸣声会慢慢得到改善。许多书籍里这鸣声有时给拼缀成：

咕——咕——柔，咕——咕——柔。

一位女性友人向我保证，正确的歌词为：

牵两头牛吧，大卫。

假如她真的尝试过，便知鸟儿是无法说出不同的词来，只是因为歌中的词是她在莱塞斯特上学时就这么教她的。当然，在发音时声调带有强烈的感情，鸟儿流着眼泪差不多是抽噎着哀求大卫牵两头牛走。关键在强调"两头"上——显然，最最要紧的是大卫不要牵一头，也“不是三头，更不是别的头数，仅仅限于两头”。

在东安格利亚还有人告诉我，林鸽说的真正的意思是：

我的脚趾流血了，蓓蒂。

我们如果参阅任何鸟类学著作，可以发现许多禽鸟是能吐出人言，但是由于斑尾林鸽声音有类似独特的人声性质和低沉，我们的森林中没有其他鸟类像它一样更容易让人产生这一幼稚的幻想，它的歌声表达着一种强烈的哀怨。你可以设想这种类人的鸟儿在它那绿色的居室里哀求、责备、悲叹；在倾听之际我们发现把它们的鸣声全部化为简朴的语言是十分容易的。

呵，不要发誓说你爱我，因为你不可能说实话，

呵，发假誓的林鸽！从我身边走开——去追求别的鸟儿去！

当你虚伪地咕咕时

我伤心地后悔。

我的软心肠，哎哟！飞往你的

新欢去——那穿着蓝衣的家伙！

谁，谁会想到你有如此下流！

或许你考虑到它的美丽的——
呵！呵！你太残酷无情——
求它们来射死——射死我吧，
千万，千万！我愿我已经把心
给一只嚯嚯叫的
林鸮\杜鹃、山鹬、戴胜！

一天早晨在伯克郡的一个村子里，我正沿着一条大路行走，离一栋农舍二十五码处，这时我以为听到了斑尾林鸽熟悉的歌声，但声音太远，而最近的树木距离都有五十码。我朝一栋农舍的上层房间打开的窗户一看，发现我心目中的“林鸽”是一个四岁小孩子，他可能不久前刚遭到母亲责罚，被送到楼上反省。他坐在打开的窗户旁，双手捧着脸痛哭，但不像是那么伤心，而似乎以令人悲伤的有节奏地啜泣和呜咽的声音为乐；它们已定型为一种有规律的反复的升降音，一长一短的呜呜地号哭，听起来悦耳，应归功于这个哭泣的小家伙的音乐天赋。这件事表明林鸽的哀诉多么跟人相似。这种简明的音乐在这一科目的禽鸟中是如此普通，因而它可以被看作是鸽类原始和普遍的语言，由它发展为固定不变的歌曲，在大多数情况下，音质上没有多少变化。在众多的物种中许多声音清楚淳厚而有共鸣，有的沙哑或者粗糙，有的空洞沉闷或低沉而有回声，有的吱嘎刺耳或嘟哝不清；

但是不管它们多么变化不同，你都有办法识别鸽子或所属家族的声音，它或多或少像人声。在某些鸽种中，固定不变的歌唱几乎取代平直单一的音调，它简化为喃喃细语；在另外一些鸽种中，相反，根本无所谓歌曲，除非单调不变的咕咕声可以称为歌。在典型鸽类的大部分物种中平直的咕咕声跟固定不变的歌区别分明，但同时又发展成另一种歌，乐声抑扬顿挫，重复多次且异常洞听。我们在岩鸽的鸣声中发现这点：它为雄鸽示爱的滑稽动作伴奏时，奇异的喉间发出的声音组成它那程式化的歌。那并不好听，但清晰而抑扬顿挫的咕咕声大多数人觉得是悦耳的。那是鸽房里动听的晨歌，但是这一歌声要真正欣赏的话，得在这种鸟儿的野生状态下——在昏暗的海上岩穴育雏时去听。时常重复的被拉长时间的咕咕声，混合着在下面喃喃低语和轻轻拍打的海浪声，可以在上面的崖壁间听到；空荡荡的巢穴留住和延长了声音，使之更加洪亮，同时又带上一点神秘的色彩。

在不同鸽种的咕咕声中我熟悉的欧鸽的鸣声无疑是最有吸引力的。这种鸽子的鸣声没有固定的歌曲；其次是斑尾林鸽的鸣声，由于它的深沉和拟人声的特点，它绝不是单调的。在这里三月的林中我常常接近一只鸽子每次达半小时，倾听它发出咕咕的乐音，在间隔三四分钟一共重复六次或更多；它的调子反复在长度、力度和调性上有变化。在一个无风的日子，广大的山毛榉的绝对宁静下，这些洪亮的声音有一种独一无二的美妙的效果。

在森林中消磨了一段短时间后你可能轻易地得到一种印象，那是一个所有遭到迫害的乌鸦家族成员的圣殿。不过也并非完全如此：如同在大部分地区一样，渡鸦在这里遭到毁灭性打击；但这种鸦科的鸟类在此地的数量是如此之多，甚至最残忍好杀的护林员也可能对这一任务感到胆战心惊。假如把这片宏伟的森林从长期占有它的这一家族控制下解放出来，那么清扫的任务也就差不多了：可以妥当地避免一场灾难。那里不仅秃鼻乌鸦成为一个个军团，在公园内营建起它们的巢，还有寒鸦、小嘴乌鸦、松鸦、喜鹊。它们的数量都很丰富，遍及整个森林。寒鸦的数量超过其他鸦类（包括秃鼻乌鸦）数量的总和；它们成群结伙，呱呱的叫唤声在森林任何地方成天都可以听到。三月间当它们营巢的时候，数量集中在包括山毛榉和橡树，这些树龄最老，树干空心的那些地区。有些地方你会发现好多英亩的大树。那里每棵树的树干都是空的，而且都有鸟栖息着。可是有些空心的树却不容寒鸦闯入。林鸮在这里挺普通，大概有办法占据它的城堡不让一切侵略者得逞。如果你能爬进一座高楼隐身而坐，守望这些身披羽毛的生物的包围与被包围的攻防之战，那才妙不可言！寒鸦，既胆大又谨慎，冒着险稍微闯进昏暗的内部，一边发出尖利的要把对方赶跑的威胁，伸着灰色的脑袋，用小小似恶毒的蛇一般灰色的眼睛朝下面窥探；在树干内的鸮则耸起虎色的羽毛，把它的苍白、盾一般的脸和闪亮的眼睛举向射进来的光——这确实是难得的奇观！接着而来的是多么剧烈的嗞嗞声，突然的猛咬，喙的撞击和尖厉的猫一样的狂叫声，这些独一无二的争斗在离我们如此近的地方进行，不过在地面数码之上，但萨维尔纳克仿佛是在卫尔郡的多雾的中部地区，或在雅尼克峰的山坡上，尽管我们有机会亲眼目睹这幕交锋的实况。

我刚到萨维尔纳克的某一天，还处于习惯于偶尔迷路的时候，我得到一次经验。这使我对森林内寒鸦的数量有了一个概念。在我散步途中我走到一个地方时，目所能及处树木全是腐朽不堪的：不仅中心朽蚀已空，那硕大的平卧的枝柯和部分树干都长满了厚厚的羊齿植物，夹杂着荒草的苔藓，给森林中那些垂死的巨木一种奇异、塞乱、荒凉的面貌。不止一次我看着这些树木里面的一棵，想起霍尔曼·亨特①那凄凉的《替罪羔羊》。这里寒鸦数量非常多，随着我迈步向前，枯枝落叶在我脚下噼啪地响，它们到处腾飞起来，单独地成三三两两地，以至五六只一群，匆匆直冲而去，在我面前的树丛中消失。在这样的时刻它们发出的惊骇声像平时的呼叫，压抑或短促，嘁嘁的牢骚；这种音调就在我眼前迸发出来，这么多的鸟儿继续不断地鸣叫，在两边，约一百米

① 威廉·霍尔曼·亨特（William Holmam Hunt，1827～1910），英国画家。《替罪羔羊》为他的代表作，取材于《圣经》。

左右的远处，它们的声音混合成一种奇异的尖厉的细语。我走累后便坐下来，在一棵大橡树的树荫下歇息，在那儿全然一动不动地待了约一个小时。但是鸦群从来没有放松警惕；在整个时间内远处压低的尖厉的暴风雨般的叫声一直继续下去，有时声调慢慢低下去直到将近停止，然后突然又升高，重新扩大，直到我被这种噪音吵得头晕。最后一道响亮的，厉声的邀请或起飞的命令被许多鸟儿的接受；接着，我看到穿过我面前的林中空地，密密的一群鸟儿飞起来，在远方打旋；从左右两方，其他的鸟群飞去参加第一批；最后整个一大批慢慢地飞过我的头上好像在观察情况；但是当最前头的鸟儿直接飞过我上方时，鸦群分成了两个纵队，部署在左右两方，在一段距离处重新投入林中。飞过我头上的这一群的数量不下于两千只，多半都栖居在森林的那部分。

寒鸦不管是温驯的或对人不信任的，总是有趣的。在萨维尔纳克我对松鸦更感兴趣。说真的，主要是为了观赏它们在最佳状态下的乐趣我才造访这片森林。我还有一个想法，在英格兰没有比萨维尔纳克更好的地方了，因为它们当前或者说直到最近在萨维尔纳克格外多，它们不害怕护林员手中老拿着的枪。你在这里可以亲眼目睹处在最佳状态下美观又漂亮的松鸦在早春的集会。

这里必须提醒一下，我们的鸟类学家并不十分熟悉松鸦。这个我在几年前曾在一本小书《英国的鸟类》中讲过在春天聚会的习惯。有一位卓越的博物学家，他在评论该书的一篇文章中，驳斥我发表这么荒谬的意见，告知我说松鸦是一种孤单的鸟。除非在夏末和初秋，才有时见到它们一群一群。如果我不是通常不答复批评家，我本来可以告诉这位先生，我恰恰知道他对松鸦习性的知识可以追溯到——一本九十九年前出版的书。那本书是很不错的，它的全部内容包括某些错误，吸收了大部分十九世纪内问世的鸟类学专著。但虽然批评我的人按书“一切照抄”，“却没有抄对”。然而旧的错误并没有被所有论及这个问题的作者重复。席博姆在他的《英国鸟类史》一书中写道：“有时候，尤其在春天，命运也许照顾你，会看到这些喧闹的鸟儿定期集会……只有在这时，松鸦才流露出一种社交合群的脾气；人们常常听到它们的种种不同的曲调，有的声调变化几乎达到歌曲的程度。”

我说明的事实是，我们大部分论述鸟类的作家是严格按照蒙塔古①对松鸦习惯的记录来写的，在读到这种禽鸟的语言时准确无误地表现出来。蒙塔古在他著名的《鸟类辞典》（1802）中写道：“它普通的曲调是富于变化的，但粗糙；有时在春天用轻柔而惹人喜爱的方式唱出一种曲调，但低到在任何远处就听不到；间隔地插进羔羊的咩咩声，猫的喵喵

---

① 乔治·蒙塔古（George Montagu，1751～1815），英国博物学家。

声，鹞或鸶的鸣声，鸮的嚯嚯声，甚至马的嘶鸣。”

“这些模仿是非常像的，甚至是在天然野生的状态下，我们经常受到蒙蔽。”

这种描写多少有点夸大，为适应作者的文体，措辞存在些变化，不过大部分研究英国鸟类的书籍都互相照抄不误——羔羊啊、猫啊、鹞啊、马啊，在大多数情况下忠实地出现，然而假如所有作者都亲自听过松鸦的声乐表演，他们本来会有不同的记载，这是肯定的。蒙塔吉并没有错，他向大自然去找事实，记下他听到或以为他听到的，但他描述的那个特别的鸣声他们都不会听到。

我的经验是同样的，音乐和短句通常在两个地方是听不到的；这种禽鸟能够吐出相当富于音乐性的种种不同的鸣声；同时它也是以极不规则的方式进行模仿的出类拔萃的模仿者，把借来的乐音跟它自己的乐音混合，并且急忙把它们抛出，因此乱糟糟地极不和谐，形不成一支歌曲。

但是它也有一支真正的歌，这可以在任何松鸦的集会上听到，也能在集会季节过去后，从正在育雏的雄鸟的鸣声听到。松鸦的歌唱有点像谜，由于在任何两处地方都不是同样的歌，便会使人产生出这种鸟没有因袭遗传的歌曲的想法，而是由每只鸟独出心裁自己创作出来的。它从如蒙塔古所谓的“一种低唱”，你刚好在三十或四十码远处可以听到的轻柔的絮语和啭鸣——直到由若干乐音和谐地配合组成的歌曲，可以在四分之一英里远处清楚地听到。这种程式化和传播到远处的歌是难得的，但某些鸟具有一种非常有力和好听的乐音或短的乐句，它们以歌的方式有规律且间断地加以重复。你若循声而走去，可以十分接近它们集会的那棵树，便能看到联欢进行的情况，最有趣的是观看那位声乐家，它像一个领袖，静静地栖止在那里，在别的鸟儿绵绵发出的多少带有音乐性的协调的声音当中继续重复那一个有力的，不变的，有节奏的声音。

我亟于想知道的是，松鸦的这种强有力而特殊的乐音、乐句和歌曲，它并非是对别的禽鸟的模仿，是年复一年地在同样的地方重复？还是在每个季节的末尾永远放弃或者忘掉。我难以发现这个答案，因为我在春天照例不重访同一地点，若到一个新的地方我发现松鸦发出的是不同的声音。再说，松鸦大量集结的地点为数不多而且隔离好远。正如一个善于观察的猎场看守人有一次告诉我的，假若在任何一处树林有半打至一打松鸦，它们就要“策划开一个会”，这不假；但是若数量不多，而且遭到严重残害，那么在这样的时候就不易见到和听到它们；如果能见到和听到，那么在亲眼目睹它们为数众多集结的地方，而看守人的猎枪又未能使它们的狂欢情绪消沉的话，这时它们所表现的美，它们语言的多样和有力是无法形成恰到好处的观感的。

天气晴和时，松鸦的集会可以在任何时辰举行，但最常是在一天的清早；在三四月的晴朗又温暖的早晨你总是能有把握亲眼见到一个集会，或者无论如何在任何树林里能听到鸟群鸣唱，在这里它们相当平常也不十分羞涩。在这类间隔性的社会活动中它们如此聒噪而且引人注目，同时还兴奋到忘乎所以，人们不仅容易发现和看到它们，而且还能非常贴近地观察它们。

松鸦嘹亮刺耳的惊惶与愤怒的呼叫是一种人人熟悉的声音，这种鸟儿用来呼唤同类集合的叫声却有点不同。它跟小嘴乌鸦的呼声相似；在它们不会遭到捕杀的地区，求爱的季节中，它待在筑巢的树梢，用一种拉长、粗哑、刺耳、格外洪亮的音调重复多次。松鸦的呼声具有同样刺耳或吱嘎摩擦的性质，但更响亮、更尖利、更拖长，在安静的气氛下远至一英里外都可以清晰地听到。当松鸦集合，齐声尖呼，同时在高高的树上互相追逐的时候整个树林都聒噪不堪。

在这样的时候松鸦特殊的飞行姿态是最好看的，非常美观。几乎所有具备短而圆的翅膀的鸟类，例如我们可以见到的小小的鷦鷯，以及作为猎禽的雀鹰或其他若干种鸟类的形体上，翅膀的扑动格外地快，喜鹊便是这种情况；它扑翼十分快速使羽翮上的黑白色混杂在一起难以分明。显得是一片雾灰色；但在短暂的间隔它便会滑翔而飞，这时黑白分明了。松鸦，虽然翅膀短而圆，如果不是飞得那么匆促而比较慢，翅膀的扑打速度可以估量，那么看起来好像是游泳而不是飞行。

最后当集会的鸟群在一棵树上全体安定下来，这才是欣赏它们最好的时候。有时它们会待在原地达半小时，表现出种种优雅的姿态，并发出夹杂着富有音乐性的声调但格外杂乱的噪音。但在这样的时候它们不是经常坐着不动；假如鸟儿的数量很多又非常兴奋，有些会始终在挪动，跳跃着从一根枝丫飞往另一枝，一下飞向空中打旋或飞过树梢，显然一心想炫耀它们不同的颜色——红棕色、天蓝色、丝绒般黑色、闪光的白色——达到最好的效果。

在萨维尔纳克和别的松鸦众多的地方观望这些鸟群的集会时，我一直不忘阿・拉・华莱士①所描写的在马来西亚地区极乐鸟集会的提醒。我们的松鸦在某些方面跟它在东方的亲属相似；虽然它的光彩逊色的很多，但是在它处于最佳状态时是有资格称为英国的极乐鸟的。

① A・R・华莱士（Alfred Russel Wallace，1823～1913），英国博物学家、探险家。

WOOD WREN

林鹪鹩

鹪鹩科鹪鹩属一种。又名巧妇。分布于新大陆（南北美洲）和欧亚大陆，是鹪鹩科鸟类分布于旧大陆（亚洲、欧洲、非洲）的唯一代表。

林鹪鹩体型较小，常见于热带森林地带。

WOOD WREN

A Wood
Wren at Wells

· 第五章
戚尔士的一只林鷦鷯

* 在威尔士大教堂的东面，靠近绕着主教宅邸壕沟的地方，有一块漂亮的空地。那是一个斜坡，是鸟儿的大本营。林地有许多吸引它们的东西，由它背面的一座青山掩蔽，这里形成温暖的一角，那是一个林木森森的角落，被受高高的石墙保护着。那里有橙尾鸲莺，成簇的常青藤和一丛丛常绿灌木。这是一块宝地，墙外是绿油油的草地和潺潺的流水。我外出散步总要走过这片树林，在林子里稍微流连一下；如果我想抽一斗烟，或在树影间享受一会儿清闲或晒晒太阳，我都总是到这个我偏爱的地方来。我是一位在白天不同时辰拜访的访客，在这里我听到春天首批候鸟的到来——棕柳莺、柳鹪鹩、杜鹃、橙尾鸲莺、皇冠莺、白喉林莺。然后，随着四月临近尾声，再没有别的鸟儿到来，蚁鴷、小白喉林莺、园莺未能出现，造访邻近地区的不多的夜鹰在两英里外一个更隐蔽的地点定居下来，那里小树林的蕨类植物的叶子并不因大教堂雷鸣般悠扬的钟声而战栗。

*

然而，还是有另外一种鸟儿会飞过来，或许它们是我最为喜爱的。在四月的最后一天，我听到了林鹪鹩的鸣声，顿时使得我对所有其他的鸟鸣一下暂时失去了兴致。甚至最近的访客——歌喉圆润的黑冠莺，它自二月以来一直在那个地方歌唱，像鹪鹩和篱雀[①]，跟这个新来的歌手相比，它的曲调也显得平淡无奇。我欢迎林鹪鹩来这个特殊的地点，要多高兴有多高兴，如果它决定留下来，我愿它尽量靠近我。

众所周知，林鹪鹩在四月底或五月初抵达英国后，只能在鲜嫩的绿荫不能完全遮掩它纤巧好动的身影时才能见到，因为它，也是全身碧绿；如同华兹华斯所描写的金翅雀：

> 它仿佛是树叶的一个兄弟。

另外说明它在我们这里逗留的初期可以更好地看得到的原因：它不是常待在经常出没的香木的上部，那是它之后的习惯，这时天气温暖，被当成食物的小昆虫在高大的橡树和山毛榉被阳光照射的上部非常多。由于林鹪鹩的这个习性，没有任何鸟使我们如此难于观察。你可能在一个地方守候一个时辰，它的鸣声从树木间隔半分钟到一分钟传出，可是你却一次也瞥不见它的身影。四月末时，树叶依然稀疏，上部的树荫还似一件轻盈的衣裳，就像一片金绿色的薄雾。此刻阳光照射进去把模糊的树荫内部照亮，使山毛榉陈年的落

① 一译林岩鹨。

叶层看起来像一片金红色的地板。翅膀细小的昆虫对寒冷敏感，喜爱阳光，这时它们正在靠近阳光的表层举行着欢宴；鸟儿呢，偏爱附近的地面。正是在这种情况下我见到威尔士的林鹪鹩。连续好几天在总是发现它的地方我观察它，有时一连一两小时，一般一天不止一次。没有下层林，这里的树木又高又直，大部分有苗条光滑的主干。从鸟的角度来看我的身影站在那里肯定非常显眼，但有一阵子我似乎又觉得林鹪鹩对我在场毫不注意。它在阳光和树影下这里那里地随意漫步，我一动不动的身体它觉得不过是个爬满苔藓的树桩或一块灰色的挺直的石头。过了不久这只鸟儿明显认清我根本不是树桩或者石头，而是一个鲜活又陌生的生物，我的面目引起它极大的兴趣；因为在很快确定我的位置后它从树木到树木，枝丫到枝丫装作漫不经心的短程飞行，把我们距离拉到越来越近，最后它大部分时间就待在我的近旁。有时它也会走到四五十码远，但不久会回来跟我待在一起，常常靠得这么近，以致它的羽毛最巧妙的层次都如同它栖止在我手上一样看得清清楚楚。

在一个生疏的地方看到的人影总是在鸟群中引起普遍的注意，他唤醒了它们对未知生物的好奇、怀疑和惊惶。林鹪鹩大概是出于好奇而不是别的什么原因；它始终待在近处看起来奇怪，只是因为它显得一心一意地埋头于创作它的音乐去了。有两三次我试图走到五六十码处，换一个新位置；但过一会儿，它总是试图接近我。我便让它接近我，让它照平时一样且唱且活动。

我喜欢这种好奇心，倘若那确实是这只鸟儿的动机（我不认为它被我迷惑）；在我见到过的所有林鶲鹩中这一只在举止上是最优美文雅的，而且鸣啭不倦。无疑这是因为我这么贴近地观望着它，时间又这么久后取得了它的信任。它那鲜绿色带微黄色的背部和白色的腹部羽毛，赋予了它一种格外精致的外貌，这些色彩跟展开的树叶的嫩绿色和苗条的树干的淡灰色和银白色是完全和谐的。

西博姆曾经这样说："林鶲鹩披上完美异常的羽毛飞到我们的树林。在清晨的朝阳下，它们看上去几乎如同绿中带微黄的，如同没有完全发育的嫩叶一般优美，它们就在这些嫩叶间嬉戏。在人的手上其眼纹的精巧层次和羽翼及尾羽的边缘美丽非凡，但是在制标本者的粗暴处理下几乎全部丧失。"

结论的话听起来非常奇特；但这种窈窕的小精灵般的生物有时被子弹打得支离破碎，它那可怜的遗体遭到标本师的解剖是事实。它成为标本后的美不能跟它活着飞翔歌唱时所表现的相比。它的外表在飞行时，由于翅膀较长较尖，不同于别的鸣禽。大部分鸣禽飞行和歌唱都匆忙急促；而林鶲鹩的行止，像它的歌声，较慢、较闲适、更加优美。若在歌唱的热情下它难得一次静止超过一会儿，而是不断从枝头飞向枝头，从树木飞向树木，一边找到一根新的栖木，每次在新的地方发出它的鸣声。在这种时候它的外貌显得像一只色彩柔和的小型红隼或燕隼，最可爱的是它在空中歌唱时的外形。这时，长而尖的翅膀随着最初清晰的音节而搏动，这是一支曲子的前奏。照例，虽然飞行是无声的，等到达新的栖枝时歌声就开始——最初清晰的音符仿佛似音乐的节拍，然后变得愈来愈快，直到奔泻和发展成为一种长而奔放的鸣啭——没有能与之相似的林地之声。

通过这样在早春密切地观察林鹪鹩，虽然它们是那么如此妩媚可爱的生物，但在小鸟中它并非是我最喜爱的，因为它的形状、色彩和优雅举止的美仅仅只能在一个短短的时期内见到，而我喜爱它则是因为它的歌声，这歌声持续到九月，然而我也许还是找不到一个有力的说明我偏爱的理由。

在这一调查中使我略微感到欣慰的是，我记得华兹华斯比夜鹰更喜爱欧鸽——这“热情奔放的生物”。诗人有时在他的鸟类学知识方面有点动摇；但若我们以为他指的是斑鸠，他的偏爱对一些人来说依然是奇怪的，也许毕竟并不特别离奇。

假如我们从选择人们一致认为质量最高的鸟音中挑出任何一种来看，我们发现林鹪鹩跟它的同行相比并不占优势——按这个标准，它甚至是一位非常差劲的声乐家。比如，在变化上，它无法跟歌鸫、园莺、苇莺和别的鸣禽相提并论；在声音嘹亮的纯度上，它跟夜鹰、黑冠莺等不能相比；在力量和欢快上不及云雀；在柔和上不及乌鸫；在活泼轻快上不及金翅雀和苍头燕雀；在甜润上不及林百灵、树鹨、苇莺、金莺、鹪鹩，如此等等，直至我们认为的一切重要的性质方面。那么，林鹪鹩鸣声的魅力究竟是什么呢？它的声音跟别的鸟儿的声音不一样，但这没有关系，如同说蚊鸳、杜鹃、蝗莺的鸣声不同。许多人觉得，林鹪鹩的鸣声也只是一种鸟音而已，称之为一种歌鸣甚至可以使他们吓一跳。确实如此，有些鸟类学家说过，那算不上一种歌声而只不过是一种叫唤，它们的鸣声也曾被描述为“难听”。

在这里我回忆起一位女士，从迈因海德开往林顿的驿车时她坐在我旁边。这位女士住在林顿，当她发现我是头一回去这个地方，于是对我热情而滔滔不绝地把它的景点描述一番。我们抵达目的地，驿车缓缓进入市区之后，我的旅伴转而细察我的容貌，等待听取从我唇间流露对这个城市的赞赏。我说：“林顿有一样东西您是可以自豪的。到现在为止就我所知，这是我们国家唯一的城市，您在自己的居室里打开窗户便可以听到林鹪鹩的鸣声。”她的脸沉了下来，她从来未听说过这种鸟，当我指着鸣声传来的那棵树时，她注意去听并且听到了；她转过身去，显然很不高兴而什么也没说。她把她流利的口才浪费在一个不足道的人身上——这是一个对大自然之美缺乏欣赏力的人。那野性难驯，浪漫至极的林河，带着噪音与泡沫，奔腾颠簸在粗糙不平的多石的河床上。林木森森绵亘的山冈，层层叠叠的黑色的岩石（有的岩石上面还有用美丽的红蓝色字母所写的说明），这些都在沉默无言中过去——什么都没能使我兴奋激动，倒是一只可怜的小鸟的啁啾成为例外，尽管她知道了也注意到了，说不定只是一只麻雀！两分钟后我们下车时，她连再会也没说便径自走了。

毫无疑问有许多人像这位女士那样对鸟音既所知甚少也不关心；但那些知道不少而又极为关心的人又怎样呢？他们认为林鷦鹩的鸣声如何，又有什么样的感觉呢？我认识两三个人，像我一样喜爱这种鸟儿；近来有两三位写鸟类生活的作家曾谈到过它的鸣声，好像他们挺喜爱它似的。鸟类学家在大多数情况下满足于引用吉尔伯特·怀特[①]在第十九封书简中的描写："这最后的一只仅仅出没在高高的山毛榉林的顶梢，在它歌唱时稍稍摇动着翅膀，在短促的间断后不时发出蚱蜢似的咝咝的声音。"

怀特在写到柳鷦鹩的"欢乐、自在、带笑的鸣声"时含有更多一点欣赏的意味；可是柳鷦鹩不得不等待漫长的时间才被承认为是我们最优秀的歌唱家之一。几年前它受到约翰·巴勒斯[②]大大的称赞，他越过重洋从美国来听英国的鸣禽的鸣叫，他的注意力主要离不开夜鹰、黑冠莺、歌鸫和

---

① 见第十五章注。

② 约翰·巴勒斯（John Burroughs，1837～1921），美国博物学家、散文作家。

乌鸫；他惊异地发现这一无名的歌手，鸟类学家对它谈得极少，而诗人则一个字也没有提，却是最令人喜爱的歌唱家之一，具有一种“曼妙的歌喉”。他对我们忽视这样一位歌手表示愤慨，大声疾呼因为它的鸣声过于优美，致使英国人的听觉难以欣赏，需要一种较响亮较粗糙的声音才能达到约翰牛（指英国人——译者注）的好歌标准。没有一个喜爱善意玩笑的人会对他这种表达自己意见的方式感到伤及自尊，这一方式是美国人的特点。不管怎么说，自几年前头一回出现布罗斯对英国鸣禽的赞赏以来，他发现长期默默无闻的柳鷦鹩已有许多人加以赞美。总之，它鸣声的优点已比此前得到多得多的承认。

或许林鷦鹩的机遇不久就会到来。它依然是一种默默无闻的鸟，不怎么为人所知，我们受老作家们说过的话的影响，比我们知道的或可能相信的多；我们的偏爱基本上是我们自己制造出来的。他们赞美并使之扬名的物种保持着受到重视的地位，而同样迷人，可是他们不知道或没有谈及的物种则未受到过关注。几乎不容置疑的是，如果英国鸟类的奠基人威路比①知悉它并且对它的鸣声表示很高的评价，那么人们对林鷦鹩本来会关注得多一些；再如，假设乔叟或莎士比亚突出它，用几句话加以赞美，那么千百万读者也会爱慕它。

另外，很有可能的事实是，那些并非学者或鸟类生态的

---

① 弗兰西斯·威路比（Francis Willughby，1635～1672），英国自然学家。他的《鸟类志》，用拉丁文撰写，发表于1676年。

密切观察者，除了几种普通的鸟之外难得知悉更多；他们听到一种好听的鸣声便把它归属于他们记得名称的半打或三四种鸣禽当中的一种。在英格兰西部的一个地方我就遇到过这种低级错误到令人发笑的例子。我去观光一座山上的一个古堡，一位身宽体胖的老太太领着我去参观一片美丽而陡峭的庭园，她的呼吸和脾气同样褊急。那是一个明朗的五月早晨，鸟儿正在引吭高歌。在我走过一丛灌木的时候一只黑冠莺突然从叶荫中爆发出一阵奔放的使人心灵振奋的歌声，我距离不到三码远。“那只黑冠莺唱得多好听啊！”我发表意见。“那是乌鸫，”她纠正我，“不错，它唱得不错。”她坚持是一只乌鸫，为了证明我错了，她向我肯定那里没有黑冠莺。她发现我拒绝承认错误，变得暴躁起来，陷入愠怒的沉默；但十至十五分钟后她自动又回到这个话题。

“我一直在想，先生，”她说：“您一定是对的。我说这儿没有黑冠莺，因为有人对我这么说过，然而事实还是事实。常常有人提醒我注意黑冠莺有两种不同的鸣声。现在我知道了，但我非常抱歉，我没能早知道一些天。”我问她什么缘故。她回答：“前些天一位来自美国的年轻女士，我带着她走过这片园地。鸟儿像今天一样啼鸣，那位年轻女士说：‘请你告诉我哪是黑冠莺的鸣声。请你想想，我是从美国来的，路程多么遥远！对了，我在老家跟朋友们告别时说，你们不羡慕我吗？我即将到古老的英国去听黑冠莺的歌声啊。’后来，我告诉她我们这里没有黑冠莺，她有多失望；可是，先生，如果您所说正确，我们附近一直都有这种鸟在啼鸣啊！”

那位美国来的可怜的女士！我本来想知道首先是谁的文字使她的头脑发热，让她急于想听到黑冠莺的歌声的——在想象里听起来是一种金色闪光的声音，而在国内最好的声音不过是银色的。我想到我自己的情况；在少年时代林鶌鹩的声音我首先是从一首诗的某些诗句里读到的；漫长的岁月之后我头一回听到它真实的声音——美妙无比，但跟我想象的多么不一样！——五月初，一个明丽的黄昏，在奈特利修道院。但诗人的姓名这时却记不起来了；除了一点模糊的印象（依旧残存），什么也没有留下，他在十九世纪初创作旺盛，并享有大名，现在他（或她）的名声与作品已湮没无闻。

回到这篇文章的正题来吧：林鶌鹩的奥秘。我们了解若以平常的标准考量，许多别的鸣禽要比它高明；那么它的鸣声中有什么神秘的因素使我们觉得它比最好听的鸟音甚至更美妙呢？就我而言我要说明因为它更和谐，或者说在听到它歌声的环境下跟大自然更协调一致；是更加地道的森林的声音。

苍头燕雀常在有光亮的和其他生物稀疏的果园林中、树木、灌木林中啼鸣；但有时在深密的树林里静谧被突如其来的高昂的抒情曲所打破；在这样的情况下是出人意料的而且听起来不习惯；格外欢乐的歌声像在阴暗的地狱突然倾泻而出的阳光。声音极度地清远而且独特，跟低沉的森林音调对比鲜明；它对听觉的效果好似色彩对视觉一样，犹如一朵华丽的猩红色或照眼的黄色花卉孤零零地开放，而其余的一切均为碧绿。林鷚鹟产生的效果完全不同，那种歌调不是形成反差而是对高层林中无生命的大自然的互补，是所有这些基本声音造成的低沉颤抖的韵律的一个补充，例如被风吹摆的树枝，雨点的滴答，无数树叶的沙沙低语。从某种意义上说，它可以称之为一种平凡单调的歌——一种犹如漫长而颤抖的呼声的曲调，没有变化地不断重复；但是无法对它加以批评——不然你只好去归咎于风，那是风的音乐。夏天的山毛榉林，它高远、翠绿、半透明的叶荫，其中稀疏的空间充满移动的光与影就发出着这种声音。虽然它有共鸣并且传播到远方，但并不让你觉得响亮而是像叶荫中扩散的声音，集中而清晰——一种有光和影，像风那样扬起和经过，边吹拂边变化，像一片被风吹动的树叶。由于这种和谐，它变得不寻常，你听着从不觉得厌倦；倒是对夜鹰很快就腻烦了——哪怕是它有最完美无瑕、最出色的音调、最无可挑剔的技巧。

寥廓的高空中，那里有一只云雀在飞翔，它不断的歌声是一种轻盈的声音，歌声弥漫在蓝色的天空里又飘落下来，是那我们可见的大自然的一部分，好像那碧落、浮云、风与阳光，提供一种什么东西让我们的视觉与听觉去欣赏。如同飞翔歌唱的云雀对天空产生的作用，林鷚鹟对森林也是如此。

WILLOW WREN

柳鷦鷯

鷦鷯科鷦鷯属一种。又名巧妇。分布于新大陆（南北美洲）和欧亚大陆，是鷦鷯科鸟类分布于旧大陆（亚洲、欧洲、非洲）的唯一代表。

柳鷦鷯全长约86毫米。两性相似。上体呈棕褐色，下背至尾以及两翅满布黑褐色横斑，眉纹呈浅棕白色；头侧呈浅褐色，而杂以棕白色细纹。下体呈浅棕褐色，自胸以下亦杂以黑褐色横斑。栖息于灌木丛中，每窝产卵4～6枚。终年取食农林害虫。

WILLOW WREN

· 第六章

一只柳鷦鷯[1]的秘密

① 又称为欧柳莺。

* 西博姆曾写过柳鶊鹣无疑是英国最普通而且分布最广的鸣禽之一。作为一位夏天的访客，它是到得最早的嘉宾之一，通常在三月的最后一周出现在南部海岸；稍后人们也许差不多会在全国各处树林、灌木丛、树篱、普通的沼泽、果园、大园林中遇见它。它的身影无处不在，只要哪里有青翠的栖息地，以及蝴蝶蛾的幼虫、蚊蝇、蚜虫可食，哪里就可听到和看到柳鶊鹣。从它到来的日期以至六月中旬左右，这时它会变得沉默。七月又继续歌唱，一直到九月，它都是一位歌喉甜润的不倦歌手。虽然，这种晚夏的歌声是间歇的、力量较弱，在性质上不及春天的歌那么欢畅。但是不管它在数量上的丰富和分布的普遍，以及它那短小的旋律的迷人，人们一般对它还是不那么熟悉，不同于红胸知更鸟、鹡鸰、林岩鹨、橙尾鸲莺、穗鹛和黑喉石鹛。我们叫它的这个名称是非常古老的，最初，约三世纪前，由雷氏在他对威路比的《鸟类学》的英译中使用；但对农民而言依旧是一个陌生的书面名称。若你偶然发现一个乡下人知道这种鸟儿，并且叫得出它的名称，他会不加区别地用来称呼两三种以至四个物种。柳鶊鹣事实上是“那些可以看得到而分辨不出来”的小型鸟类之一，由于它的体型小，色彩朴素以及跟别的莺科鸣禽外表极为相似，也由于它的鸣声温文平静的性质，在春天里那些声调高昂而为人熟悉的鸟类音乐会中未受到注意。

*

在伦敦晚夏的一天，我对人们普遍不关心鸟音的精美既感到有趣同时又有点反感。这种精美甚至使柳鹪鹩可以从这类优美的歌手，如莺科类鸟中区分出来：我想到这是个听觉上困难的审美问题。一个星期天早晨，我在坎辛顿花园的花径上散步时听到鸟鸣，便坐下来倾听。这只鸟在离我的座位不到六码远的树上和灌木上一分钟重复两三次，持续达半个小时。我刚好坐下来，一只歌鸫栖止在一棵把枝丫伸到人行小路上方的荆棘最高枝上开始歌唱，不管下面走过的人继续唱了好一段时间。这时我注意到了几乎每有人靠近，都要抬头望望上面的鸟儿，有时甚至停留一会儿；要是两三个人走到一块，他们不仅抬头而望，并且对鸣声的悦耳稍加议论。但从头到尾却没有一个行人看一眼柳鹪鹩在上面啭鸣的那棵树；也没有表现出什么神情或举动显示它的鸣声吸引他们；虽然他们准听到了，歌鸫的高歌把他们的注意力全部吸引住了，使柳鹪鹩的声音实际上已听不到。这犹如一朵罂粟，或大丽花，或芍药旁的一朵紫繁蒌，即使有人见到，那也不会被看成一朵美丽的花。

在写林鹪鹩的一章时，我力图追寻该鸟的鸣声使内心产生愉悦感觉的根源——这是一种超越许多其他著名的鸣禽的魅力。在该章内柳鹪鹩的鸣声只是被顺便提到。这两种鹪鹩尽管是近亲，但它们音调上的特点是大为不同的，这一情况对两种鸣禽完全可能出现；假如，我们注意倾听，会认为对我们产生的感觉各不相同。就柳鷦鷯的情况而言，可立即说我们的愉悦，也许可简单归结为那是一种悦耳的使我们联想起夏日景色的声音。虽然对任何其他候鸟——夜鹰、树鹨、黑冠莺、园莺、燕子，还有十多种的鸣声我们都可以谈很多东西，却都说明不了这一特别的物种的独特和非常特殊的魅力——我大胆地称之为柳鷦鷯的秘密。总之，它不是一个深藏不露的秘密，确实被不同的作家在论述鸟音时揣测过和暗示过；由于它偏巧也是包括柳鷦鷯在内的许多别的鸣禽的秘密，我想，发现其中的奥秘就可以说明为什么最优秀的歌手并不总是使我们满意，到是某些次等的歌手会出色的表演。

柳鷦鷯的鸣声在鸟类中被看成是独一无二的。瓦德·福勒君曾经出色地描写过，他说它形成几乎是完美无瑕的音调，并且补充说：“我指的是它的音调逐步下降，非常自然，不是按我们的音阶的音符，没有哪一种鸟在它们天然的状态下会自愿受到束缚，不像我们一两种音调的片断下降，也不在末尾又上升。”这种音符的安排，虽然罕见又好听，但并没有给它小小的歌带来最高的审美价值。它的魅力的秘密，我以为可以追溯到它的声音中带有某种清越的人声性质，也就是音质。多年前一位野生鸟类的观察者和它们的鸣声的聆听者来到我国，一天正在伦敦郊区散步，他听到林子里有一只小鸟的啼啭。树林都在一道围墙内，他看不见那只鸟，但他想要确定这一物种并不难，因为只要向他的朋友描述它特殊的小小的歌曲就行。等他回到寓所就把他听到的鸣声描述一番，然后问这一“歌手”的名称。可是无人能告诉他，更使他大为惊异的是，他对它的旋律的描述只受到别人的嘲笑和怀疑。他把它描述成仿佛像非常鲜明柔细的人声，在交谈或笑语而不是歌唱。直到一段时光之后，这位外国的爱鸟者发现树叶间他的小小的笑语者竟是柳鷦鷯。他徒劳地去查阅鸟类学资料，他听到的鸣声，或不管怎么说，他以为如他听到的鸣声，其中都没有描述；可是直到今天他依然保持他听到的印象——不能把这一声音跟孩子相比，他用一个美妙绝伦，清纯明朗，精灵般的声音在一个苍翠碧绿的地方又说又笑的形象分开。

然而一个多世纪前，吉尔伯特·怀特在他把它描述为一种“轻快、欢乐、喧笑的音节”时，已经指出柳鷦鷯的鸣声中的带着人声性质。这里引述瓦德·福勒的话更好，他在《跟鸟类相处一年》中曾论及用我们的音乐符号表现鸟类的鸣声，他指出因为它们的歌声并不由有规律的、连续的间隔引导，这一尝试是徒劳的。涉及柳鷦鷯时，他补充说：“尽管看起来也许奇怪，把鸟类的鸣声跟说话的人声比较，若把它跟乐器或歌唱的人声比较更合适。”这一观察的真实性必定使任何密切注意鸟类鸣声的人留下深刻印象。但对这一看法，存在有两种批评。其一是鸟类鸣声跟说话时的人声相似局限于某一物种或不多的物种；其次是认为，如福勒发表的看法，这一相似之处完全或主要由于鸟在歌唱时是自由的——像人类谈话时的声音，它不受音调或半音调的制约——这个观点是错误的。比方，我们注意到柳鷦鷯有这个特点，但苍头燕雀和鷦鷯却没有，虽然这两种鸟的鸣声同样自由，恰如我们在说话时和发笑时的声音，不受有规律的间断的制约。鸟的鸣声跟人类语声的相似完全由于鸟音的人声性质；我们发现别的鸣禽——值得注意的有燕子——有着跟柳鷦鷯相似的魅力，虽然前者的音符排列不同，不形成类似抑扬顿挫的节奏。再拿乌鸫的情况来说，我们习惯把乌鸫的鸣声形容为笛声，笛子是最似人声的乐器之一。由于乌鸫发声的闲适风度，它的声音跟人类语言的相似之处不如燕子和柳鷦鷯的情况，但你若听到两三只甚至六只乌鸫一块儿啼鸣，如我们有时在它们为数众多的树林和果园内听到的那样，效果是异常突出的。你会以为是一群习惯生活在树上且嗓门又大的人在那里进行谈话。我倾听乌鸫的这种音乐会，有时不知道它产生的效果对别人是否跟对我是一样的，如同人们用高声和美妙的音调交谈。十分奇怪的是，只在写作本章时，我才碰巧发现对我的问题的肯定回答。浮光掠影地读完了以前未曾读过的列斯里的《河边书简》，我看到下面引用乔治·格罗夫爵士[①]致作者的一封信里的话，这段话是论

① 乔治·格罗夫（1820～1900），英国音乐学者。

乌鸫的鸣声的："它选择了一个地点。在这里它可以听到它的同伴的声音，然后，它非常悠闲地开始（一点不像画眉[1]那么匆忙）一种正常的交谈。'您好？今天天气好，让我们好好聊聊'，等等。另一只鸟用同样的语调回答，然后对方再答复，这样下去。不能设想更有思想、更文雅、更有感情的东西了。"在另一片断中他又写道："我喜爱它们（知更鸟），但是它们在我的心中占据的位置比乌鸫占据的要小得多。听乌鸫在远处一块田地跟它的同伴说话，它们的交谈既从容又文雅，达到了斯文礼貌的极致，是十分了不起的。"

英国的燕子和花鹡鸰产生如柳鷦鷯和乌鸫完全一样的效果。作为歌唱家它们不是一流的，我无法说明它们为什么比那些大歌唱家更让我喜爱，除了它们的音调更像人声，我听来竟有一点分外美丽的意味。燕子的鸣声对人人都是熟悉的，但鹡鸰的鸣声则不十分为人所知。鹡鸰有两种清晰的鸣声：其一最常在早春可听到，是一种轻而散漫的啼鸣，有点像草原石鹏的歌；第二种歌声，间或到六月晚期还听得到，经常是在飞翔时发出来的——一串响亮快速的音流，有点像燕子的歌声——在调子上接近人声，最为迷人。

举出这些例子后，我们发现别的鸣禽在它们的鸣声中也有一两个乐音或乐句有人声的性质，其中我只提出黑冠莺、

---

① 一译歌鸫。

朱顶雀、树鹨。黑冠莺最悦耳的鸣声，那是接近乌鸫的，就具有这种人声性质；朱顶雀的鸣声最美妙部分肯定是开头的乐句，那是由燕子和人声般的乐音组成的。

也许对某些读者显得奇怪的是，我把树鹨和它的轻细、尖锐、金丝雀般的鸣声也列在这份名单内，但它的乐音不完全是这种性质；它更是一位非常富于变化的歌手，有些个别树鹨鸣声的结尾乐音，比别的英国鸣禽具有更多那种特殊的人声性质。无疑正是其中一只这种鸟儿，它在歌声结尾的人声性质的乐音，十分洪亮而美妙，打动了彭斯[①]写下他的《致一只林百灵》，树鹨在苏格兰常常被称作林百灵，而在苏格兰是找不到林百灵的。

呵，别走吧，甜美、高歌的林百灵鸟，
也不要因为战栗的枝柯离开我，
一个无望的情人想听你一曲，
你抚慰心灵的深情的哀歌。
一回又一回我铭记下你的歌，
它温柔得能融化铁石心肠；
那一定使她的心儿感动，
她不理我，使我痛苦不堪。

---

① 罗伯特·彭斯（Robert Burns，1759～1796），苏格兰诗人。

告诉我，你小小的伴侣是不是
把你的话当作耳旁吹过的风？
只有爱与悲结合在一起的歌，
这样的哀言才能唤醒她的心！
你倾诉永远不尽的忧愁，
无言的哀伤，阴沉的绝望；
为了怜悯的缘故，可爱的小鸟，
别唱了，要不我会心碎断肠。

这些雀形目物种及其他同类物种的鸣声或多或少跟人声相似的情况，不论是清楚或模糊，还可以谈许多——可以说在大部分情况下也是我们自己的悲喜哀乐的感情。但有时候，以树鹨为例，则是另一种性质。甚至那些就是在音质上跟我们相去甚远的物种也会发出某些鸣声使我们联想到非常鲜明的人声。拿歌鸫与夜鹰为证吧，后者在丰富而有节奏的颤音方面接近人声，它热烈奔放地重复多次，是它啼啭习惯的前奏；前者，在那"比一切都甜润，一种笛声般的低音上"，用美不可言的渐强力度重复四次。谁要是听过卡罗塔·帕蒂①的表演，又怎能忘记她的歌喉吐出的与此相似的声音呢？大家都说她的声音像鸟的啭鸣；它肯定比别的声音更

① C·帕蒂（Carlotta Pattl，1835～1889），意大利女高音歌唱家。

清明更光彩——某些乐音几乎听不出是人声。那是一种含有大量欢乐性质的声音，但和其他大歌唱家的激情深度相比却浅一些，不过却依然是人声；如同卡罗塔·帕蒂在她奇妙的歌唱中上升到飞鸟的高度（她的光彩超过她所有的同行，如同钻石超过其他所有的宝石），那么有的鸟儿在它们的鸣声方面却降到跟人声相似的水平。

如果我认为是人声给予某些雀科鸟类的鸣啭一种特殊而极大的魅力，并且因此一种较低级的鸣禽较一种按普通标准公认的较高级的鸣禽使我更为愉悦，还需要问的就是为什么竟会是如此。我指的是仅仅由于跟人声相似，一只小小的啼鸟竟然对人的心灵产生如此有力的愉悦之情，可是许多非雀科动物和人声绝对相似的啭鸣却通常没有同样的感受。事实上大批鸣声跟人声相似的鸟类中，有一些确实给我们带来像柳鷦鹩、燕子、树鹨一样的愉悦。例如，在英国鸟类中有斑尾林鸽、欧鸲、绿啄木鸟，由于它笑一般的呼声；杜鹃，因为它那重复的笛子般的啼声；还有（对那些并不抱迷信思想的人）林鷦鹩，一位非常好听的夜间歌手；鹬以及很少的其他海岸鸟类。但在较大型鸟类的各科中产生的效果是不同的，常常与愉悦适得其反。要不，若这样的鸣声使我们觉得欣喜，在性质上不同于某个曼妙的歌手产生的感觉，主要是由于我们对声音的野性的反应。类似人声的鸣呼——还可以在海雀、潜鸟、鹧鸝、雕和隼、杜鹃、鸽、夜鹰、鸮、乌鸦、秧鸡、鸭、涉禽和鸡形目鸟类中发现。在这些鸟类当中有些鸟类的呼喊与尖叫，在全世界产生难以数计的迷信思想。尤其若在黑夜、森林深处、沼泽和其他荒无人烟的地方听到，便会留下深刻的印象甚至使人心惊肉跳。人们以为这些声音是居住在森林、江河、湖泊以及一切荒漠地带预告死亡灾异的魔鬼、妖怪、夜游的女巫、精灵，以及夜晚在全世界游荡，寻找出路的亡魂发出来的；有时犯有可怕罪行或怀着无可解脱的悲痛的活人会变为鸟类。三种英国鸟类由于它们的超自然性质，鼎鼎有名，鸣声中有着非常突出的人声因素：渡鸦那凶恶的怒喊；回声咚咚的麻鸦；好像在葬礼上尖叫的白鸮。

我认为这类呼叫、呻吟、刺耳的尖喊和不同的物种多少带有音乐性的乐音之所以对我们造成刺激性感觉，乃是由于它们所表现的或者似乎表现的人类的感情。如果这声音是一个疯子或一个身心备受折磨，或因恐惧而万分惊慌失措的这类人的叫喊，那么你就可以体验到当场令人毛骨悚然或其他类似的感觉；只不过，如果我们熟悉这种声音或知道它的原因，这一感觉将不会太强。相似的情况是，倘若我们是在某处静寂的密林内，猛然间为一声响亮的口哨或“喂”的喊声所惊起，虽然我们也许知道那是在我们周围大片无人的密叶间一只鸟所发出来的叫声，我们还是会产生一种混合着好奇，好玩，又有刺激的复杂的感觉——犹如一个朋友或一个人有意藏在你看不见的地方向你打招呼。归根结底，如果鸟音和优美、活泼、极富音乐性的人声相似，比如，在交谈中年轻姑娘们所表现的不同的美好感情——同情，温柔，天真无邪的快乐，内心充盈的愉快——那效果将是十分使人欣喜的。

赫伯特·斯宾塞，在他的《心理学》中分析我们为什么爱好音乐的根源时，写道："一方面愤怒又权威的声调是严厉粗暴的，相对之下，温柔和有教养的声调则是温和惬意的。这就是说，音质在经验上跟获得满足相联系，它具有使人愉悦的性质。因此，音乐性的声调具有一种综合性的音质，它怡情悦性，所以人才称之为美妙的。这并非是它们的使人愉悦的性质的唯一原因……然而在回顾接近人声的乐器的音调，注意随着它们接近的程度似乎觉得美妙的同时，我们明白这第二位的审美因素是重要的。"①

如对待乐器一样，对待鸟音亦然，随着它们接近人声的程度，表现出同情，有教养，以及其他美好的性质，它们会显得似乎是曼妙的——在某些情况下甚至比那些在别的方面不论如何列为高级的，却缺乏这种第二位审美因素的音调更美。

---

① 斯氏的意见是说乐器的音调本身是它们审美的第一因素，接近人声则是第二因素。

HUMMINGBIRD

蜂鸟

因飞行时两翅振动发出嗡嗡声而得名。有103属329种，分布于拉丁美洲，北至北美洲南部，并沿太平洋东岸达阿拉斯加。体型最小，羽色最鲜艳且有金属光泽；嘴细长而直，有的下曲，个别种类向上弯曲；舌伸缩自如；翅形狭长；尾尖，呈叉形或球拍形；体被鳞状羽，大都闪耀彩虹色，雄鸟更为鲜艳；脚短，趾细小而弱。飞翔时，两翅急速拍动，快速有力而持久；最小的种类每秒可拍动50次以上。善于持久地在花丛中徘徊“停飞”，有时还能倒飞。除两翅振动发声外，还会发出清脆、短促、刺耳、犹如蟋蟀的吱吱声。“停飞”在花间时，常将嘴伸入花瓣中吮食花蜜，同时也捕捉花丛间的小昆虫为食。巢呈杯状，置于稠密的枝叶间。营巢、孵卵、育雏等均由雌鸟承担。每窝产卵2枚。

HUMMINGBIRD

·第七章 鲜花迷人的奥秘

* 当我全神贯注思考上一章的内容——某些鸟类甜美的鸣声所含的人类性质时，它强有力地使我察觉到，在动植物界和无生命的自然界中一切跟人类的相似之处大量进入并强烈地影响着我们的美感；我们只要听听风声和水声，动物的声音中的人类声调，就会认出植物、岩石、云彩以及某些哺乳动物，例如海豹，类似人类形状的圆形的头部；许多哺乳动物、鸟类、爬行动物普遍表现于眼神和面貌上的神情，知道这些跟我们人类特征的相似之处，既是偶然又是大量的，就会察觉出来。它们构成数不清的熟悉的自然景象和声音，虽然在大部分情况下，这种相似是不足道的，只是一点特性，我们却未曾意识到这一现象的原因。

*

我的内心中对花卉情有独钟，它们比大部分自然物更吸引我的关注，也给予我更多的愉悦。我似乎认为那跟鸟声鸣音中人声般甜润的音调对心灵产生的效果相似。换句话说，人在对花的色彩的联想上可以找到，即使不是主要的，也是非常迷人的魅力；这在某些情况下超过它所有别的吸引人的地方，包括形状的美，色彩的纯正与光艳，以及各种颜色和谐的配合。最后，是具有这样一种性质的香馨。

因而我们看到这两者之间存在一种密切的关系——人对花卉的色彩与鸟类鸣音的联想；在这两种情况下，这种联想都构成，或者说是这一“表现力”的基本要素。这种关系，以及把目前这个问题提出来的事实，显得几乎是前面一章探讨的问题的不可避免的结果，别人准认为我是在一本讨论鸟类的书中——或者鸟和人的书中——插进一章论花卉的借口。但这个借口根本不需要。在一些谈论鸟类的书中如果把鸟谈得过多必然使大部分读者产生那是一大缺陷的印象，因而，有一章谈到别的东西，它又不是完全硬扯进去的，就可以作为一种积极的调剂。

由于“表现”这个词频繁地出现在本章内，它不能用于本书开头所言那种意义，不妨解释它在这里的含义不是平常所指一个人面孔上或一幅图画，或任何一件艺术品的特点，那指的是思想或感情。在这里这个词具有作家赋予它的美学意味，作为描述由一个物体所引起的种种联想所加给它的那种特性。这些特性也许无迹可寻，通常我们没有意识到有这种联想存在；然而它们始终在我们的脑际，它们带着加在一件物体上的特性，可能提高它固有的美和魅力，甚至使之增加一倍。

我曾经读到过一则非常古老的传说，它说人原来是由许多物质造成的，最后上帝拿了一把野花揉在他的身体内，使他的眼睛有了颜色。这是个美丽的故事，但可以说得更好些，因为精致和美丽的肉色鲜花主要是因为它们的色泽而吸引人，这是肯定的，就好像蓝色和某些紫色使我们愉快主要是因为它们使人联想到眼睛的虹膜的关系。[①]皮肤也需要某种美丽的颜色。在花束中有红色和蓝色的花，红色的花在大自然中是最丰富的，在色彩中也有更多的变异，在我们的钟爱下比它们美丽的对手给予我们更多的愉悦。

不论自觉或不自觉，人们把蓝花同蓝眼睛联想到一起，由于花的蓝色在所有或几乎全部情况下都是清纯美丽的，它像最漂亮的人的眼睛。这一联想而不是蓝色本身使我们感到是，蓝色的花对我们大多数人具备优越的吸引力的真正原因。除了联想之外，蓝色比红色、橙色、黄色的吸引力较逊，因为不那么鲜明亮丽；此外，在花如此微末的物体上，绿色对蓝色是最不起作用的背景色。事实上我们从稍远处看，花的蓝色被周围的绿色吸收而消失，而红色与黄色保持它们的光艳，但蓝色获得我们更强烈的喜爱。作为一种人的色彩，蓝色首先产生于碧眼金发的种族，是这一种族的最重要的色彩，我们可以说，是人内心的灵魂。

某些紫色的花在我们心目中的地位仅次于蓝花，由于它们在颜色上接近纯蓝。野生的风信子、矢车菊、紫罗兰和

---

① 眼睛的颜色是由虹膜的色素所决定的。

三色堇，以及别的一些，是人人都会想到的。这些是蓝色的色素占主导地位的紫色花，因此，具有蓝色同样的表现力。红色色素占主导地位的各类紫色，在表现力上跟各种红色相近，是同肉色和血色相联系的。这里不妨指出蓝色与蓝紫色的花，对我们产生最大的魅力，是那些不仅表现出眼睛的颜色而且在形态上跟彩虹有某种相似之处的花，它的中心象征着瞳孔，比如亚麻、琉璃草、蓝天竺葵、长春花、婆婆纳、三色堇、蓝海绿花等，实际上要比某些更大更漂亮的蓝花，比如矢车菊、蓝蓟、菊苣，以及观赏下大簇大簇的蓝花更强烈地吸引我们。

就我们都衷心喜爱的，或更准确地说，我们对之极为珍爱的为数众多的蓝色和紫色的花来看，在许多情况下，它们特有的名称是由它们使人产生的联想——由它们的“表现”所提示出来的。

黑种草、天使眼、勿忘我、宽心花即三色堇是为人熟悉的例子。宽心花与三色堇，不论哪一个名称，在我们的印象中都特别适合作为我们最普通和普遍的园花之一。然而我们看到除了这两种名称所提示的宁静和可爱的含义外[①]，它所暗示的娴静、端庄的意味，事实上，让那些见过圭多[②]所绘的《敬慕圣母图》的观众想起图中最可爱的天使之一，他

① 三色堇（pansy）语源来自于法语恩索（panser）。

② 圭多·雷尼（Guido Reni，1575～1642），意大利画家，风格接近于拉斐尔。

那纯洁可爱的眼睛和容貌流露出要求观众爱慕的某种渴望。有一种叫“悠闲的爱情”的三色堇，曾被人用它的几种农村土名加以描写，尽管也许有些粗俗：“在园门后吻我”，还有，不论好坏，“在门口跟它相会，在食品贮藏室亲它”也如此。在这批名称中包括“谁也没有这么漂亮”“漂亮的姑娘”“漂亮的贝茜”“赶紧快亲我”[①]。当我们看到桂竹香那火焰般的深金红色时，甚至称如“基督的血泪”也听起来不过分花哨或令人惊愕；另一种蓝花，婆婆纳，这样的别名如“我愈看愈爱你”“天使的眼泪”“基督的眼泪”，还有许多也是如此。

一位从事写野花的作家，在谈到这类地方性别名称时，曾说：“若我们深入研究，产生它的名称的源由中那些富于暗示的说法，那会打开有关人类思想对大自然最初认识知识的宝库；单单梦想这样一种发现，就使表述这些名称的语言充满难以言传的奇异魅力，要是我们能理解的话，这些语言能道出人类已被遗忘的幼年时代的许多事情。”

这是一件非常简单的小事，然而词语发挥了何等美妙的作用，又把这件事情弄得何等有意义和神秘！这是一个有趣的例子，说明我们奇异的无可奈何，且不说低能，它震动我们这些在戕害心灵的学校内训练出来的大部分人；学校

① 三色堇如果按音译，中文也许可译为“攀惜花”。

训练人们不是去思考，而是教导他们到书本上去追求他们需要知道的任何东西。如果不列颠博物馆的藏书没有说明数百年前我们的祖宗为什么称赞花为“无比漂亮”或“雾中的爱人”，所以为什么对这件事我们只满足于坐在黑暗中静等某位从天而降的天才下凡来启示我们呢？然而我想某个农村孩子都会给某种引起他注意的植物取个名字，在许多情况下，这个孩子叫的新名称是由这一物种所引起的有关人的联想启发的——在形状、颜色、声音上发现有某种相似之处。不是书本而是直觉，我们自己的早年的经验，任何人只要没有被读书蒙蔽，都能从一朵花中看出点名堂，都是以显示全部这种潜在的，奇妙的，在人类遥远的远古时代，心花初放时，对大自然的认知。

从这一点可以看出我并不自认这是一种发现；我称之为花的魅力的秘密是每个男人、女人和孩子，甚至是那些坚决否认他们具备这种知识的我的朋友都是知晓的。但是我认为对儿童最熟悉。我在这里所做的仅仅把我（也是我们全体）对花有点模糊的思想和感觉用文字形式集中起来；这是一件小事，但它偏巧是迄今为止没有人尝试做过的事情。

在某些读者的心目中——像那些我提到过的有疑虑的朋友，他们并未清楚地意识到一种花之所以产生某种表现的原因或秘密——在对蓝色的花和紫蓝色的花说了那么多的话以后也许依然还存在疑虑。那么在对所有种类的红色加以思索，就会发现红色的花所特具的表现力是变化无穷的，又总是在那些最接近顶顶漂亮的肉色的花的不同色调上变化最大之后，这种疑虑应该消失。

在我说“漂亮的肉色”时，我正在想我从红色花的外表所得到的美感愉悦和联想。我感到愉快的外观是那种柔和淡雅的不同色泽，有时像美丽柔软的皮肤的肌理一样；但是这一“外表”在跟不愉快的红色，也就是跟人脸上那种使我们讨厌的红色相似时，也会在花的颜色上存在。我们当中大多数人知道这些使人不快的色彩可以在有些花上见到。记得从前有一回我走进一家花店，见到一大把刺目的紫红色瓜叶菊摆在一个引人注目的架子上。“请问，这花不好看吗？”花店里的一个女人说。“不好看，我一见它们就讨厌。”我回答道。“我也是！”她很快地说，然后补充因为她不得不卖它们才说它们漂亮。她无疑也看见过一种叫“酒糟鼻”的难看的花，花的紫红色如其名，在许多好酒贪杯不论男女的中年人脸上都能看到。这种人往往使他们的亲友不安心，他们不能安享天年，他们的行为在其去世后也不会散发芳香。

花中我们最喜爱的红色是优雅的玫瑰红和桃红；它们比最纯和最艳的亮色更令人喜欢，若跟因为清新、朝气蓬勃、悦耳好听的人声相似而使我们愉悦的鸟音比较，花若展现人的最可爱的肤色时最使人喜欢——比如说苹果花、旋花植物、麝香锦葵、杏花、野玫瑰。在这些花之后我们被较深但色彩柔和，不太鲜艳的红色所吸引——我们赞赏欧洲七叶树开的红花以及许多别的花，还有娇小玲珑的紫繁蒌。再次，则是从老鹳草花以及其他野天竺葵、缬草、红剪秋罗和布谷鸟剪秋罗等花上看到的强烈的玫瑰红。这种浓淡不同的红色加强了，但依然柔和，可以在柳兰、毛地黄，以及更深的轮生欧石南和小叶欧石南花上看到。这些悦目的红色的花，并非全部，其中有的带有紫色，还有许许多多鲜明的紫色花像红色花一样吸引我们，因为在大部分人的肤色中会有一点紫色，甚至一点蓝色。

蓝英英的圆叶风铃草，像你的血管。

这是《辛伯琳》[①]中一行为人熟悉的诗；谁都能看出皮肤纤嫩之人的蓝色血管和那朵可爱的淡蓝色花之间的相似之处。在冬天严霜的天气下从皮肤纤嫩、肤色红润的年轻人外表可以看到紫色与成片微紫的红色。这时，在晨练前后他们的眸子发亮，面孔由于年轻健康，天然产生的幸福感而精神焕发。皮肤里的紫色和紫红色是赏心悦目的，恰好可以和许多鲜花媲美；人的紫色可以在紫千屈菜的草芙蓉以及十多二十种别的熟悉的紫花上见到（在此只举出一二种非常普

① 莎士比亚的戏剧。

通的野花吧），许多人色泽鲜艳的紫红色皮肤恰像猎犬的舌头和别的绀紫色的花。但我们总是发现，跟人类肤色联系起来的紫色花的表现，跟人脸交映和淡化为某种红色和浅红色时，是最强烈的，我认为我们甚至可以在一种小花如蓝堇上见到。蓝堇的一部分是深紫色的，其余部分则是轻红。即使红色非常深浓，例如普通的虞美人，红色表面的悦目的紫色也是很明显的。

回到纯粹的红色来吧。我们可以说，恰好紫色在种种红色中出现或带着种种红色时，在花中看起来最美或者说具有更大程度上的表现力，那么最轻柔的玫瑰红和淡红作为一种红晕或色泽出现在白色的花上时，是最吸引我们。大概由于不同美丽的肉色而使我们赏心悦目的花是“狄戎之光”[①]这种玫瑰，它在我们当中既如此普通，又普遍最受宠爱。玫瑰是大部分花园都栽种的花，虽然不在我的兴趣之内，但它们看起来却绚丽夺目——因为它们引发的联想和表现，不管我们知不知道。你可能会原谅托马斯·卡鲁[②]在他的诗句中表现的矫揉造作：

> 在六月过去之后别再问我
>
> 宙斯把凋零的玫瑰送到何处，

---

① 一种法国玫瑰。

② 托马斯·卡鲁（Thomas Carew，1595～1640），英国骑士派诗人。

因为这些花沉睡在你美丽的光华里
如同在它们生根的土地。

但所有的红色都有属于人的某种东西，即使是鲜艳夺目的猩红和绛红——猩红的马鞭草、罂粟、我们的园栽天竺葵，等等——虽然色彩强度上它们大大超过最鲜艳的绛唇和明丽的红颜。然而光彩照人的殷红不限于嘴唇和脸颊；甚至眼前对着太阳或火光举起手指也能显出一种非常精美淡雅的红色；这一同样鲜艳的花的色泽有时也可在耳郭上看到。实际上这是血的颜色，那鲜艳的液体，就是生命，常常流溢出来，产生人的许多对花的联想。那位波斯诗人①，他的姓名最好不要写出来，大部分人因为过度频繁听到已经厌倦了，他说过：

我有时想玫瑰从来没有像
帝王流血的墓地的花那样殷红

有许许多多种以人血浇成的植物。我们最普通的鸡冠花以及它那“低垂的泉水”提醒着我们，存在着数不尽的庸俗的名称来体现这种相似性与联想。这种思想或幻想在无论文明或野蛮民族的诗歌文学、古代寓言和民间传说中到处都可找到。

---

① 可能指奥马·海亚姆（Omar Khayyam，?～1123），波斯诗人，天文学家。他的四行诗集，以英国费茨杰拉德的翻译，在英国家喻户晓。

如果从蓝、紫、红诸色转向白色和黄色，我想我们能更快地认识人对鲜花的颜色所产生的兴趣，由于这个原因可以更佳欣赏它的审美价值。这后面的两种颜色给我们的感觉，在性质上跟其他颜色所产生的明显不同。它们不像我们，也不像和我们有关的任何有感觉力的生物；没有亲属关系，也没有人的特性。

我说“没有亲属关系，也没有人的特性”，指的是那些一点没有杂色的纯白或纯黄的花；在某些不鲜明或不纯的黄色，或混杂有红色或紫色的黄白色花中，我们确实看到有红色与紫色花。最雪白的花的清纯确实跟人的眼白和牙齿相似；但我们也许看到人的这种白色部位却不能把花跟人联想到一块。

白花的白，如果带有红色那就绝非与人没有关系了，大概是因为在人的纤嫩的皮肤上的非鲜艳的红色或玫瑰色使淡肉色对照之下显得白皙，这是以“白里透红”著称的面色，苹果花是一个美丽的例子。受人喜爱的雏菊，要不是那一抹联想到人的绯红——那小不点儿的，谦逊的，在尖尖上绯红的花——价值会差得多。雏菊也就是有那么多温柔和美丽传说的草本植物玛格丽特（延寿菊）[①]，白色代表纯洁，红色代表悔悟，即使从未读过那些传说，以及一切讲述雏菊的起源及最美最悲怆的故事的人，都能发现这种花的秘密的魅力。

---

① Margaret玛格丽特为英国常用的女子名。

在其他的例子中有红白色的山楂、五叶林莲花、旋花属植物、六瓣合叶子[①]以及许多别的花。六瓣合叶子的花芽是玫瑰红色的，可在带奶油色的开放的白花间见到，要是在乳白色或象牙白色上面稍带蓝色或红色或紫色的时候，它的颜色总是非常鲜亮而美丽的。如果我们从六瓣合叶子再看它最近的近亲，普通的绣线菊，我们会看到一抹玫瑰红给予前者多么动人的妩媚，而绣线菊却没有我正在考虑的这类外表——不产生跟人的联想。

就纯黄色的花来说，如同纯白的花，缺乏令人感兴趣的地方。固然黄色是头发的一种颜色，在头发方面我们可以找到深浅不同的黄色，可是我们无法找到或者还没有找到一个比“色度”更好的词来表达一种颜色的特点不同。有所谓亚麻色、茶色、青铜色、蛋黄色、金黄色，这包含着许多变化，头发被称为橘红。但这些都不是花的黄色。理查德·杰弗里斯[②]告诉我们当他在蒲公英旁边放一个金币时，他看出二者色泽的不同——事实是没有两种颜色似乎比金子的黄色和蒲公英的黄色更不同了。没有必要放一鬈头发和任何黄花在一起比较它们的颜色多么不同。头发的黄色像金属，像黏土，像石头，像种种泥土性质的物体，也像某些哺乳动物的皮毛，像植物茎，叶子的叶黄素，有时这种黄色可在云层中

① 一种蔷薇科灌木。

② R·杰弗里斯（Richard Jefferies，1848～1887），英国散文家。

看到。莪相[①]在他对太阳的呼号中，说到他的黄发在东方的浮云上飘舞，我们马上会觉得这个比喻的真实与美丽。我们赞赏黄花色彩的清纯与鲜明，恰像我们赞赏某些鸟音因为声音的清纯与嘹亮，不管它们与人声如何不同。我们欣赏花卉，在许多情况下是因为它形状的精美，黄花与绿叶映衬的美丽，例如黄菖蒲、香沟酸菜，以及别的数不清的鲜花。但不管我们如何赞赏，却体验不到蓝色与红色在我们内心中激起的亲切温柔的感情；换句话说，黄色的花没有跟其他颜色的花区分的表现力。因此，在丁尼生谈及“婆婆纳的宝贝蓝色”时，我们知道他是对的——他表达的是一种我们所有的人对这种花的普遍的感情；但没有诗人会犯这么大、这么荒谬的错误，用这样一个词去描写为我们最受重视、最熟悉的野花的最可贵最可爱的黄色——毛茛或毛茛属植物驴蹄草、黄菖蒲、海滨罂粟、立金花、金雀花、荆豆、岩蔷薇——比方说吧——表示亲密爱恋的感情——一个人对我们所珍爱的那个人的感情。丁尼生所用的词用于任何纯白的花——比方说繁蒌——都不适合；像延寿菊类的黄白色的花也不行。但是你一看到最白的花上有一抹绯红或玫瑰红，如我们在雏菊和小米草上看到的话，那么你马上会说它是一种“宝贵的”或“宝贝儿”的颜色，谁也无法对这一措辞找出毛病。

---

① 莪相，传说中三世纪爱尔兰的吟游诗人。

如果我们考虑到有时从某些花卉上看到晦暗的与不纯的黄色，以及某些跟悦目健康的红色结合的黄色，例如忍冬花上的色调时，我们可以发现黄色花上的这一表现——跟人的联想。因为在皮肤中存在黄色，甚至在完全健康的情况下；它在颈项上表现得最强烈，扩散到喉部与下巴，是一种温暖的暗黄色，在某些妇女的皮肤上特别美，但很少出现在脸部。当我们看到这种温暖的暗黄色和乳黄色跟更温热的红色揉合时，如“狄戎之光”玫瑰达到的效果最美，表现也最明显。但是如果花的色彩是一种苍白晦暗而不纯的黄色，那么它的表现是令人不欢的。那是肤色不健康的黄，由黄疸病、消化不良和别的疾病造成的面色蜡黄。我们通常说带有这样的颜色的花是“病态的”，联想起衰病的人。杰拉尔德[①]在描写花的这种颜色时，喜欢用“劳损过度”这个词，这是个非常恰当的词，如同现在所用的那个词一样，是从联想而来的。

那些熟悉许多花卉的人会注意到我只不过提出不多的若干种——也许太少——作为例子，而这些差不多全是人们熟悉的野花。我不列举园艺花卉的原因是我们栽培的花不仅是人工产生的，在某种程度上是畸形的，也能在自然条件下可以观赏。来观赏的人成群结队，各种各样的品种摆在一起，距离太近，在大部分情况下被挑选出来是由于绚丽的颜色。因

① 约翰·杰拉尔德（John Gerard，1545～1612），英国植物学家。

此无论它在某些方面产生什么令人高兴的效果，跟花卉在天然状态下在我们心中产生的朴实自然的感情相比使人清浊难分。

老实说在大部分情况下人造的园林使我不快；因此我会避开它们，并且对园艺花卉所知与思考甚少。当然我也不可能对庭园过门而不入。大园林是大宅第里非常宝贵的附属品，对女主人而言丛林甚至对男主人同样更加重要；如果我被邀请进园参观并要求对园中的一切加以欣赏时，我不能说：“夫人，我讨厌园林。”相反，我必须无可奈何地同意并装作高兴。在她的乐园内到处转悠时，我的目光因偏巧碰到一处郁金香，或红天竺葵，或蓝飞燕草，或讨厌的蒲包花或瓜叶菊的花坛而眼前一亮——一大片有色的火焰从一块方或圆形的荒芜不毛的泥土里冒出来——这种感受岂止是不快：一大片色彩向我刺眼地炫耀，我被控制着而不知所措，它把我心中一百种原先见到的精美宝贵的形象全部抹掉。

但我扯得太远了，也许引起读者的反感，本来我是很想引起他们的共鸣的。

我列举的花不多，却都是我最熟悉的，因为照我看似乎太多的例子，对读者会造成记不清每个品种的确切颜色，因此无法在心目中再现其确切的“表现力”——每种花所传达的感觉。另一方面熟悉花和爱花的读者，在他的心目中有数百种花，也许达到二三百个品种的分明的形象可以从他的记忆中为我补充更多的例子。

对某些花的魅力的原因解释，某些读者会立即产生反对意见，不妨预先做出回答。读者会说这一看法，或者说道理，肯定不对，因为我个人偏爱的是一种黄色的花（比方说樱草或水仙），我觉得它具有一种超越其他一切花的美的魅力。对这样一个偏好的明显解释是因为受到偏爱的特定的品种是跟童年或早年的回忆联系在一起的。这类联想会使它在许多花中带有只可意会的魔力，因而只要对它一瞥或一闻在心目中就唤起许多美好的回忆。每个生长在乡村的人在这种情况下都受到某一自然物体的气味的影响；我记得居维叶①的情况，他总是为某种普通的黄花感动得热泪盈眶，不过我忘记了这种花的名称。

测验这一理论的办法是将两三种或五六种不与人早年过往产生联想的花，像前面所说的樱草和水仙作为例子，它们是跟别的花不同的圣洁的花；有的有人的色调，有的没有，考虑一下每种情况在内心产生的感觉吧。假如有人看一看，比如说，狄戎玫瑰（在某些人的心理上它的精神形象会跟它的实物起同样好的作用），然后再看一看一朵纯白的菊花或一朵百合，或其他美丽的白色的花；然后再看一看一朵纯黄的菊花，或一朵黄蝉花，或任何一朵赏心悦目的美丽的兰花，上面没有一点跟人相关的色泽，也许他熟悉，他大概会说：我比玫瑰更欣赏这些菊花和别的花；它们是精美绝伦

① 乔治·居维叶（Georges Cuvier，1769～1832），法国动物学家。

的——我想象不到有更美的东西了；虽然玫瑰相比之下，其美丽光彩较为逊色，不过我对它的赞赏显得多少在性质上有所不同，含有使它实际上比别的花对我更可贵的东西。

这一不同，也就是内涵更丰富的性质，是由于玫瑰的颜色引起我们有关人的联想；这一新的因素——它产生的感觉，含有某种温柔亲切的意味——使我们跟人的美的感觉是同一回事。

前面讲的在这里有点改动，跟原来的话比较，主要是措辞上的，有些意思现在有待补充。

我曾在《大地的尽头》（1908）这篇作品中写到过西康沃尔的野花。我回到花的魅力这一话题是由于它们身上那类人的色调，这里将重复许多先前说过的话。

有些读过我写花的那章的读者并不信服我了解的情况；这出于他们意料之外，在某些例子上他们坚持他们的意见而不想放弃。就这样，分别写批评我的人当中有两位，表示他们的观点说花卉对我们是宝贵的，似乎不只是好看而已，因为它们绝对跟人生的喜怒哀乐无关——因为在我们看花的时候，被引进了或瞥见了一个更光明的世界，好像一个脱离肉体的精神可能做到的一般。这不过是一种美丽的幻想；但是我遇到了另外一些有见地的批评者，在我跟他们的通信中，我更加坚决地相信我对蓝色的花的考虑遗漏了一个严肃的问题。在我说它的表现力是由于联想到人的眼睛时，我友好的反对者当中最强有力的一位告诉我，任何一个人能随意在个人的感觉和联想中陶醉；这些是“一种在事物固有的美上面盛开的花”——说得多好！他接着问：“蓝色使一个水手联想到什么呢？有时是大海，有时是天空，有时是开船的信号旗；但假如你问他蓝色颜料使他联想到什么，他会说哀悼。那是一条船的丧服的颜色。苏顿博士总是称蓝色为无色，因为那是死亡的颜色，退出生活的标志。”

这挺有意思，但不能作为一个论点，因为该章内花或任何其他物体的蓝色，事实上任何颜色理所当然对我们每个人都具有引发个人联想的作用，按照我们是什么样的人，我们的心情，我们的生活条件，我们的早年生活等而定。蓝色可以使水手想到大海、天空和起航的旗，然而蓝花具有的引起它对人的联想的表现力，也可以有引起另一个人同样的作用。

但批评我的人偶然不知不觉地谈了更好的意见，他进一步问道：“为什么天空的蓝色不该使我们去爱花呢？我知道我的情况就是如此，在花的蓝色上我能感觉到天空，空气，远方的不同的蓝色。”

无疑他是对的；天空，好天气，露天都使人想到蓝花。这使我惊异地想到在蓝色天空下度过的岁月以及我对蓝色花的全部感触而不是停留在这个非常简单的事实上。如此简单，如此明摆着，以致你刚一听到说随即想象到你早已知道。如果你看到蓝花便不可能不信服这个说法的真实性，尤其是当这些花遍开在大面积的园地里，例如你在春天的林子里看到一大片野生的风信子，或者对着西康沃尔郡海岸上的春海葱一望无际的蓝带子注目而视，或者看到苏福克大片盐碱地由于蓝蓟而变成蓝色的时候。

十分奇怪的是就在这封含有批评的信刚到达我手中之后，另一位通信者，他也在我的反对者当中，他寄给我引自约翰·斐尔恩爵士论绘制纹章上的蓝色这个问题的一段精彩的话："蓝色表现诸种元素中的空气。空气跟其他的元素相比，作为任何生物唯一的保姆和精神的维护人，是生命最大的造福者。蓝色普遍来自碧空，它常常是在暴风雨之后显现，对佩带蓝色纹章的人在所有事情上表示顺利成功与好运。"

总之，在接受这一观念之后，我的看法依然是与人相关的联想是蓝花的表现力的主要因素，或者无论如何在大部分开花不多或通常开一种花而不是色彩缤纷的花卉中是如此。这类花如三色堇、紫罗兰、婆婆纳、圆叶风铃草、疗肺草、蓝天竺葵等。再者，也许在所有这类花中，其表现有一种因素是由于跟色彩联想起来的缘故，那就是天气；但这些联想在一种蓝色的花总是成群成片地给人看到，例如有风信子的情况下，必定更加强烈。在黑眼睛的种族中蓝花的表现只会使人想到好天气。假如某位怀有好奇心的探险家愿意尝试去发现远始部落对花卉的感觉，他想去发现他们对蓝色的花的特殊关注，我不会对此奇怪。

RAVEN

渡鸦

鸦科鸦属，数种喙厚、羽衣黑色的鸟类的统称。体型较乌鸦为大。体长可达66厘米，翅展可达1.3米（某些喜鹊和琴鸟的长度可超过普通渡鸦，但身体较小）。虽然渡鸦外形似乌鸦，但喙要厚得多，羽衣更为蓬松，尤其喉部的羽毛。渡鸦的羽毛有光泽，具蓝色或紫色虹彩。渡鸦为食腐动物，普通渡鸦差不多在世界各地均被视为凶兆——死亡、瘟疫和疾病的象征.

· 第八章

索姆塞特的渡鸦

* 华德·福勒君在他的《读书与夏日观鸟》中有二章谈鹡鸰的内容颇有意思，作者在其中顺便指出他不关切那些使“赫德逊君”喜欢并加以珍视的庄严的大型鸟类。它们形体的巨大使他不安，它们姿态的庄严使他压抑。它们不像小鸟既不啁啾又不啭鸣，不这里那里飞来飞去，不摆动它们的羽毛，只是以高雅体面的姿态和轻倩飘逸的风度扣紧他的心弦。鹡鸰对他来说够大；它们事实上，作为鸟类就该这么大小，只要这些岛屿上充盈这类小生物，他（福勒君）就会满足。说实话，他走极端了，宣称要住到无人的荒岛上去，如果只有鹡鸰和他做伴他也会快乐地跟它分享寂寞的乐趣。福勒君不是在开玩笑；他坦诚地告诉我们他拥有的感觉。假如我们对这个问题进行严肃地思考，如他希望那样，便会发现他的自白没有什么值得奇怪——他的心态是可以解释清楚的。那很自然，因为大部分的大型鸟类都从英格兰被赶走了，他只好一心观察和赞赏剩下的小型物种；我们观察和研究最接近我们的生物，看见它长得挺不错，由于它的美、优雅和其他迷人的特点，给我们留下完美无瑕的印象——生物与环境之间存在圆满的契合。同时，对离我们较远的生物却没有什么印象，因为我们只得到偶尔局部的一瞥。

*

在一个春寒料峭的多风天，我躺在一块悬崖顶部的浅草地上，好几个小时里脑海里一边思考着这些问题，但眼睛则间断性地观望着一双渡鸦，它们把巢筑在与我所处位置有一段距离的岩石的一条壁架上。它们肯定体型壮大而态度庄严，虽然在这方面逊于雕、鹈鹕、鸨、鹤、鹫、鹭、鹳以及鸟类中其他著名的物种；但看到它们依然是一件愉快的事情，令人欣慰。同时我还想到，假如孤零零地在一个荒岛上，我有渡鸦做伴，境况会比跟鹡鸰要好；这里有个绝妙的原因，鹡鸰无疑是一种非常活泼、漂亮、可爱的生物——因为它们消灭苍蝇——但是我们与小鸟之间在心理上存在巨大的鸿沟。麦修·阿诺德[①]说，飞鸟生活在我们身旁，但我们并不熟悉，不管我们如何努力，我们与它们的灵魂却无法沟通。安诺德觉得如此——我这里涉及的是他的那首诗——因为他只不过指的是一只笼中的金丝雀；他并没有想到更大的鸟类更像哺乳动物，因而也就是更像人类的渡鸦的心灵，我这里补充论述为所有的鸦科鸟类。

我用很长时间观察的这对渡鸦由于我出现在悬崖上而感到极大的不安。它们焦虑并不奇怪，因为它们的巢每年都受到“该咒的收集者”的洗劫，这是赫伯特·马克斯威尔爵士用以称呼英国比较珍稀的鸟类最恶劣的敌人的名称。我说：

---

① 麦修·阿诺德（Matthew Arnold，1822～1888），英国诗人与评论家。

“最恶劣的”，但是还有一个几乎一样，如果不是完全一样的称呼，就某些物种而言确实是比较恶劣。间隔十五到二十分钟，它们便会出现在我头上发出愤怒而低沉的呱呱叫声。它们伸开翅膀，似乎毫不费力，让风把它们吹得愈来愈高，直到看起来绝不比寒鸦大；在空中以那样的高度停留一两分钟后它们便会再行降落到地面，在邻近的一座悬崖后消失。每一回它们都表现出非凡的轻如空气的功夫，那是渡鸦的特点，在鸟类中也是罕见的，用收拢的双翼飞翔直冲着降落，犹如长长的一串水滴下落。我每每以为要表现这种本领必须有一股强风帮助鸟儿身体斜着降落，然而在任何时候只要张开翅膀就可制止降落的势头。不管怎么说，我从来未见过在无风的天气下鸟儿用这个办法下落。这完全不同于似受伤后的摇摇欲坠，有时两只或更多的渡鸦在空中互相戏耍也是如此，这是一种秃鼻乌鸦或其他鸦科鸟类也玩弄的把戏。这种急速下跌的本领只有在它们游戏时才纵情施展，这么做显得只是为了寻乐；我现在加以描述要说明它有一个用处，因为它使鸟儿从空中极高的高度以最短的时间下落，可能费的力气最小。这里我们关心的不是如鲱鸟捕捉猎物那样的情况，而是飞鸟上升到相当的高度又下降到地面的情景。在许多鸟儿俯冲而下时收拢双翼，可是并不是完全收拢；在有些情况下，翅膀呈折叠状，但又稍稍远离躯干上举着；在另一些情况下，翅膀紧贴腰部，但飞翔时则倾斜地伸出，使下降的鸟儿成为倒钩形的箭头样子。这可从寒鸦、红嘴山鸦、鹨和许多别的鸟类的形状上看到。渡鸦突然合拢它展开的翅膀，恰似人把胳臂垂下在身体两侧，然后它低头朝下穿过空中像一只石鸟般从基座上头朝下倒下来。不过它是斜着降下来的，在越过二十至三十英尺的空间后，伸出双翼，在空中滑翔几秒钟，然后再降落，直到落在地面。

请读者想象一下有一连串看不见的伸展的金属线，相距三十或四十码，离地高度六七百码。其次，再请想象现在有一个杂技演员，比任何人在动作上更无限大胆、灵活、优美。该演员站在最高的那根线上，穿着黑色的丝质紧身服，背后衬着蓝天，伸出胳臂，然后放下，垂到身侧，在空中俯冲到另一根线，然后再下一根，如此继续下去直到地上。杂技演员的本领跟渡鸦使用的没有差别，只不过惊险的程度更大，而姿态不及渡鸦的优美，在那个刮风天我在悬崖上一再地亲眼目睹。

我注视着这场出色非凡的表演，它使我心情不能平静，想到这对渡鸦大概不能作为海岸的装饰长期幸存。它们的巢，如前面已经陈述过的，经常受到浩劫，但在一八九四年夏天我得知出现第三只鸟，据此推测这一对成功地养育了它们的一只幼鸟。大约一个月后一名船夫在海岸上拾得一只死去的渡鸦——据认为是被它的同类杀害的——从此以后人们只能看见两只鸦。在索姆塞特郡海岸还有两对渡鸦，其中一对最近并没有试图育雏，因此这里的渡鸦，先前是很普通的，我们认为现今减少到只有两对。

我焦急地想发现当地是否渴望保护我观察到的那些鸟群，我对周围附近地区进行调查，有租户告诉我地主对这些鸟毫不在意，而租户唯一的愿望也是一只也别见到才好。租户饲养着大批绵羊，老是怕渡鸦会袭击和杀害羔羊。这种事情迄今为止还没有出现过，但却可能随时发生；此外还有兔子——这个地方有好多渡鸦——无疑可以逮着幼兔。

那么，我要问，假如它们破坏严重为什么它的主人不去猎杀呢？租户神情严肃起来，回答主人不愿亲自动手，但很高兴看到别人这么做。

我发现对渡鸦的旧迷信思想依然存在，这多么令人奇怪，如果伤害这种鸟儿真的会有恶果，但这一物种却一直遭到杀害几近绝灭。

“先生，你没有读过英国的历史吗？”这个堂吉诃德[①]式

① 出自西班牙作家塞万提斯所著小说，是西方文学中最受人喜爱的古典名著之一。该书原本被构思成一部滑稽讽刺作品，旨在反对当时文学作品中盛行的骑士小说，其内容如实地描写一位老骑士，由于读了骑士小说而头脑糊涂，骑上老马罗西南特，带着崇尚实际的侍从桑丘·潘沙，出门寻找冒险。这部小说出版后很快被译成许多种文字，至今仍受到读者欢迎。

的人物不得不被动地回答，“里面记载着亚瑟王[1]著名的功勋事迹，全英国流传着一个普遍的传说就是说国王并没有死，他被魔法变成一只渡鸦，随着时间变化，他会再来统治，恢复他对王国的王权统治，由于这个原因，从那时到现在有哪个英国人杀害过一只渡鸦？”

然而，肯定的是，许多英国人都残害渡鸦，还有，倘若英格兰的乡村民众曾经知晓亚瑟王其人，那也早被忘记，不过这一迷信依然保留。在许多地方我都遇见过，前些日子仅在密德兰就发现一例，这里渡鸦不再繁殖。在沃塞斯特郡，靠近勃罗德卫，有一个叫“王巢”的农庄，庄上有一对渡鸦，大约从二十八年至三十年前开始繁殖，直到幼鸟被村子里三个青年取走，鸦巢被他们捣毁为止。今天仍有老人说这三个青年不久后全都落到不好的下场。靠近勃罗卫有一个老农民告诉我，自鸟儿从“王巢”被赶走后，他没有在这个乡村地区见到一只渡鸦，直到大约四年前才在他的农庄出现了一只。一天他带着枪出外打猎，小心翼翼地走近一个养兔场，这时那只渡鸦突然从一个兔穴洞口一冲而起，直向他飞来，在他头上盘旋了几秒钟，离他不超过三十码。“看上去

① 出现在一组中世纪传奇故事中的不列颠国王，圆桌骑士团的首领。这些传奇故事最初如何产生，源自何处，均不可考。亚瑟的形象是否以某个历史人物为基础也不能确定。有些说法假定历史上真有一个亚瑟，他曾领导威尔士人抵抗从泰晤士河中游入侵的西撒克逊人。

它会被打中，”老头说：“不过它绝不是让我们打中的鸟。要是我伤害了一只渡鸦，那可糟了，准没错。”

我继续调查索姆塞特的渡鸦，发现一个热心保护它们的人。他的真实动机是它们的卵宝贵如金。他住在悬崖附近，总是留意它们的动静，有好几年在偷盗鸦巢方面得心应手，最后把这些鸟儿，几乎看成自己的财产。因此他热爱它们，很高兴同我闲聊它们的情况，一谈就以小时计算。首先，他介绍渡鸦在石壁上最亲近的邻居是一对游隼，有若干年它们和平相处。后来一天下午他听见高声、愤怒的叫喊，随即两只鸟儿出现在悬崖上方——一只渡鸦和一只隼——打得不可开交，一边打一边飞得越来越高。他说，渡鸦没有呱呱地叫，但不断发出它沙哑有力的咆哮声，隼则尖利刺耳地喊叫，两英里外也能听得到。在它们间断地升起打旋时，它们互相搏击，然后纠缠在一起像一只鸟儿那样飞落好一段距离，然后分开再又上升，既尖声叫嚷又咆哮怒吼。最后它们飞得老高老高，直到他担心看不见它们了；但是这场搏斗愈演愈烈；它们更经常短兵相接，掉下来的距离更长，直到再一次接近地面，这时它们最后分开，分头向相反的方向飞走。他以为两只鸟互相造成对方致命的伤害，但是在两至三天后他又看见它们在老地方。

他告诉我，无法把他在观察这两只鸟时的感觉描述出来。那是他亲眼见到的最奇妙的事情，在这场斗争持续进行下去时，他不时地向周围看看，密切注意并且祈求有人会走来跟他分享这个奇观，最后只能因没有人出现而感到十分惋惜。

我能充分理解他的这种感觉，一直羡慕他的好机会。我想到他描述过的那场拼死的搏斗，以及渡鸦的凶狠的天性，布莱克[①]在他的“老虎、老虎，眼睛光芒四射”这一行诗中提出的问题出现在我的脑际：

是不是造出羊羔的他造出你？

我们只能回答就是上帝；当这位至高无上的艺术家用醒目而自由的线条从青黑色的岩石中把它塑造出来，用他的锤子敲打它，使它有了生命而且能够说话；它说话时声音跟外形和性情是相配的——凶狠的、人声似的呱呱声，高昂的、发怒的咆哮，如同一个胸膛宽厚的男人像警犬一样狂吼着。

看起来好奇怪，当我们开始想到它时，那些产业和大园林的主人，他们既然这么热爱大自然和野生动物，那么就该非常热心地保护这种鸟儿，然而竟会容忍它遭到灭绝。《威尔特郡的飞鸟》的作者[②]说道：“一棵有渡鸦栖

---

① 威廉·布莱克（William Blake，1767～1827），英国著名诗人。《老虎》是他的诗集《经验之歌》中的一首诗。

② 此处《威尔特郡的飞鸟》的作者不详。

息的树绝不是公园毫不足道的装饰物，它意味着一大片领地，一大片大树和一个古老的家族，因为渡鸦是鸟类中的贵族，它不能容忍受限制的产业和栖居在一棵幼树上。但愿它的偏好受到本地大业主的更宽容的迁就，并且让它有一个安全的隐居地。”

大片领地，大片树林，古老的家族存活下来，但渡鸦消失了。它偶尔捕食一只幼兔。但索姆塞特人中的渡鸦——也就是说成人与少年，他们同样没有权利杀害兔子——在干着同样的事情。我估计本郡不下于一万至一万二千只兔子每年遭到“收拾”或“偷猎”——如果有人更喜欢这个字眼。多半数字更大。一对渡鸦生存在一块二万英亩至三万英亩庄园上对增加这种损失算不了什么。无疑渡鸦还杀害别的作为猎物而保留的生物，但是它的灭绝好像并没有对索姆塞特的情况有所改善。三十年前，黑琴鸡比现在多，渡鸦在全郡都可以见到，在埃克斯摩尔和昆托克斯非常丰富。埃克斯摩尔守林人的老领班，当他二十年前担任这个职务时，渡鸦、小嘴乌鸦、各种鹰都数量很多，经过二十五年的猎杀，几乎把这些物种通通消灭了。他保留了一份所有这些被杀害的鸟类的详细记录，把每次死掉的物种都记下来，因为他都有报酬，但酬金是不同的，最大的鸟——渡鸦和鵟——酬金也最高。他的记事本显示二十五年前，一年中他用捕兽夹和猎枪捕杀了五十二只渡鸦都得到报酬。这以后每年金额急遽减少，有若干年一只渡鸦也没有被杀。

如今你走遍全郡，从这一端到另一端，也找不到一只渡鸦；但在许多地方，从北德文郡到格罗塞斯特郡边界，你会找到“最后的渡鸦”的记录。甚至在威尔士人口相对密集的居民区，直到约二十年前每年至少有三对渡鸦繁殖——一对在格拉斯顿伯里的堡楼；一对在埃博尔石岩；一对在沃基荷尔洞，离市区二英里。

但索姆塞特在纪念“最后的渡鸦”方面比起英国大多数的郡来说，并不算事迹最丰富的一个。在上个世纪五十年内把渡鸦从它们世代繁衍的地方赶出来的这类回忆中，最有趣的记述可以选录成为一本书。我可以把我在索姆塞特收集的渡鸦的故事之一作为本章的结束。那是利维特医生对我说的，他在威尔士当教区医生当了六十多年，够有资格吹嘘，在一八九八年退休前是联合王国中资格最老的教区医生。大约在一八四一年，他被派去照料一个在卜里地的农妇，卜里地是芒迪普山区[①]高处的一个荒僻的小村，离威尔士有四五英里。他不得不留在农舍里几个小时。夜半左右，他正和其他的家庭成员待在起居室里，这时在玻璃窗上可以听到几下响亮的剥啄声。房间里没有人挪动，

---

① 即芒迪普丘陵。大都处在英格兰索姆塞特郡境内的绵亘丘陵。自弗罗姆谷地向西北延伸37千米。其西北坡在埃文郡境内。其中有许多洞穴，诸如在伍基洞和切德悬崖上都有。在该地区曾发现有史前居民点重要遗迹。

剥啄声间隔地继续着，他问为什么没有人去开门。他们回答说那不过是渡鸦搞的把戏，每天晚上有一对渡鸦就栖息在近处，照例要是看见任何农舍深夜点燃了灯它们就会来敲打窗户。人们常见到渡鸦这么做，它们的习惯已广为人们熟悉，没有人去注意了。

Owls in a Village

林鸮

鸱鸮科林鸮属11种猛禽的统称。有明显的脸盘，但无耳羽束。见于美洲、欧洲和亚洲的林地和森林中。林鸮一词亦指见于非洲和美洲的叫鸮属鸟类。林鸮以昆虫、鸟类、小型哺乳动物（主要是啮齿类和野兔）为食。北欧、亚洲和北美的大灰鸮是最大的林鸮之一，体长常超过70厘米；体羽厚密，因此外形比实际大得多，体羽灰至淡褐，下体缀以横斑，且体多条纹。

·第九章
林鸮

十一月我在密德兰漫游，同时也打算去看望一位朋友，原先他描述他所居住的那个偏僻小村的一些引人入胜之处时，曾告诉过我那是鸮出没的一个地方。

这种习惯夜游的鸟儿大多是白鸮或仓鸮，栖息在农村及其贴近的居民区。这类鸮比较喜欢以谷仓、谷仓的阁楼或教堂的塔楼为家或育雏地，而不爱空心的爬满常青藤的树木。谷仓的阁楼干燥宽敞，是最好的躲避风雨的地方，虽然并不总是能逃避暴虐无情的人。体型更大的林鸮据传言脾气也不同，它们是森林深处的居民，爱好暗处、遁世、离群索居像是一个彻头彻尾的隐士。不过并非如此，在我的朋友的格罗塞斯特郡的村子里的确就不这样，这里就不知有白鸮，而褐鸮、林鸮都很普通。这不是一个林木稠密的地区；那里的树林小而分散很广，不过却有大批古老的树篱树木和散布在田间的大树。鸮栖息在这些地方，数量也挺多，不过因为没有拿着猎枪的猎场看守人在那里，同时农民也不把这种鸟儿看作敌人而是当作朋友。

若再把这个问题进一步探讨的话，之所以没有看守人是因为地主供不起人工饲养雉的大笔花费。这个地区一直以来是富裕的乡村；不过土地是黏土，格外坚实，一架犁要四五匹马才拉得动。看到五匹大马排成一行，拉着一架犁慢慢地挪移，从一段距离外瞭望仿佛压根儿没动似的，确实令人奇怪。倘使这里有少量小麦生长，那不过因为如农民所说的："我们必需要干草。"大部分土地没有开垦，许多空荡荡的农庄可用五先令左右买一英亩地，到了交租这一天，许多地主由于各种情况，乐于收取半克朗[①]租金而蠲免其余的地租。

过去开垦过的田地现在用于放牧，但牧草地上的牛羊为数不多；你只能假定土地不适合放牧，不然就是农民太穷，买不起足够的牲畜。

从一块高地眺望，广阔、青翠的乡村显得是一片实际的荒野；无人管理的树篱围绕着空荡荡的园地，分散的老树，缺乏人烟的痕迹。正午的沉寂，这里的静谧只间歇被远处的鸟音所打破，在你的心里奇异地留下的印象，仿佛是由未来的某个时候，一个无人居住的英格兰的幻象所产生的。它是宁静的，其中含有一种忧伤的魅力，有如没有人接触过的大自然，虽然不是那么强烈。这里处处看得到人的劳作和

① 克朗：英国旧币制的硬币，值5先令。

对其所有权的痕迹——波浪似的、在田间平行、现在覆满了青草的土垄，以及把土地表面切割成各种形状、大小不一的无数部分的树篱，它并不荒芜，但其中伴随有荒芜的凄凉意味——这是很快会实现的，既然青草和牧草会自由生长，修剪了一千年的树篱不再有人限制它们扩张了。

在这个地区，农庄的房屋和农舍不是分散在乡村中。农民的住所通常构成村子的一部分；村子小，但大部分农舍隐藏在树荫或峡谷中看不见。从某些地方的高地能远眺到周围好多英里范围内的乡村，却见不到一栋人的住所；有时你可以在这类地方几小时而见不到一个人影在景观上出现。

我待的那个村庄叫威勒塞，离它最近的村子一英里多一点是圣伯里。后者刚好是这样一个十分安静的地方，它会诱惑一个厌世的人——一见就喊出来："我自愿在这里了此一生了。"一个古色古香的小村，位于一个峡谷里隐蔽的洼地，深埋在绿荫中，有几栋石头筑的茅舍，相当零乱地组合而成；一家不起眼的酒店；一幢爬满常青藤的牧师住宅；用石头盖的古老教堂，由于地衣沾满草色和灰色的斑迹，它低矮的四方钟楼高出了周围的树木。在青翠的山坡较高处仅仅悠闲地坐着，什么也不想，脚下是农村生活的小小中心，这就是一种快乐。每天有好几个小时环境是那样奇异的幽静，这时男人们在远处的田地里，孩子们关在学校里，妇女们则待在农舍里。一声偶尔的鸟音打破宁静——远处一只乌鸦沙哑的叫唤，或就在近旁一只喜鹊突然使人一惊的喳喳声，一个跟山羊断断续续咩咩的叫声相似的声音。倘若一只苹果从某棵村中的苹果树上掉下，它“砰”的一声落地的震颤声，弯弯的小街的这头到那头也都能听到——每幢农舍的人都知道那是一只苹果掉下来了。在丰收的日子打麦机的响声在一二英里外也能听得见，宁静的气氛中，那仿佛是一只放大了一百万倍的大苍蝇持续不断的嗡嗡声。一个音乐般的声音，有时模糊有时清楚，时不时是颤动的，间歇地起伏，它会膨胀而充满天地间，然后逐渐微弱下去而消失。这是人为的声音之一，它，像远方的钟声，跟农村的景色和谐一致。

傍晚孩子们都在游戏，他们尖厉的声音和笑声从村子各处传来。然后，当太阳下落，景色朦胧时，他们会开始模仿林鸮的嚯嚯声，从四面八方互相呼应。在秋天的黄昏，这个地方的孩子们看起来好像自然而然地学起鸮的鸣声来，犹如春天在英格兰各地模仿杜鹃的啼鸣。孩子们像鸟儿一样，有合群和多话的脾气，喜欢一种事先约定的呼声，给人印象深刻的叫声或乐音，通过这种方法可以进行远距离的交谈。但他们没有自己的一套不变的呼应声，像较低级动物那般叫声那样分明。他们模仿的是某种自然的声音。就这些密德兰村庄的孩子们的情况来说，他们采用的就是林鸮那清楚拉长的鸣声；在每个地方我们都发现有某种动物鲜明独特的声音为他们所采用。在没有这样的声音可以听到的地方，例如在大城市，他们发明一种呼唤声，也就是说，一个人发明，其他人马上跟着使用。奇怪的是，人类尽管过去有过长期的野外生活，但竟然没有发明能使人普遍理解的特殊的呼唤声。在野蛮部落中，人常常模仿某种野生动物的叫声作为呼唤，正像我们的孩子们夜晚用鸮的叫声，白昼用某种日间活动的动物的叫声，别的部落有他们自己的一种呼应声，高叫或号叫，是这个部落所特有的；但那不是本能地使用——那只是一种象征，而且是人为的，像澳大利亚的拓荒者在丛林中拉长刺耳的“柯——衣”声和我们用来叫一辆出租车的突然的“嗨！”以及其他招呼的形式；甚至有早晨送奶小贩狼似的咯咯的嚎叫声。

在天黑以后村子里的寂静是非常深沉的，要到九点半至十点左右，鸮才开始它们“嚯嚯”的叫声，有别于模仿它们的人，可以轻易地区别得出来——那是一种单调、拖长的、没有变化的鸣声，随后是八至十秒钟间歇的静默；然后接着发出更长的、更悦耳得多的啼鸣，开头用颤音，但发展稳定而清晰，其中带有稍为一点声调的变化。“浩——浩”“托——惠”“托——活”，是莎士比亚所用代表林鸮的书面乐音的符号；但你实际上是无法把用一支燕麦秆吹出的声音或林鸮的鸣声拼写出来的。它使你联想到跟人声相似的某种管乐器，但不是英语的发音，你无法拿准究竟是什么乐器。因为乐器太多，也许早已被人类废弃。

用已经记不起来的乐器

给轻风一种声音。

当然，这是不可能；因为林鸮的歌无疑比人类制造的任何吹奏乐器还要古老。在夜晚倾听它们的音乐会，从远处传来纷纷的乐音，像人声，可是飘逸、精妙、神秘，你可以想象这些声音含有一种意义，对我们是一种信息，好像叶芝君[1]爱尔兰抒情诗中的仙人，这些歌手们歌唱：

我们年老、年老而欢畅，

噢，这么年老；

好几千年、好几千年，

如果加在一起！

如果，我们请神仙告诉我们从旧石器时代的人听到林鸮的嚯嚯声以来有多少年了，神仙肯定比地质学家和人类学家有一种把年代加起来的更好理解的方法，是不是鸮的鸣声对它和对我们意义是一样的呢？——那时的人并不是直立行走，也不会微笑和抬头望天，而是俯身看着大地？既不是又是。在静悄悄的黑夜里孤单地站在大树下，这声音似乎倍

① 威廉·巴特勒·叶芝（William Butler Yeats，1865～1939），爱尔兰诗人、剧作家。

加寂寥的感觉，使幽暗更深，寂静更沉。在这样的时刻把我们的感官转向内心，我们为灵魂中自然散发出的阴暗而悚然一惊：我们正跟奇异的，意外的客人在一起，一些古怪的精灵，它们跟我们的生活毫无关系；从童年起就死去被埋葬，奇迹一般又复活。当我们回到烛光和火光下，当明天的曙光来临，这些“夜的孩子们”和这些缥缈虚无的东西的出现——

消逝在
普通的白天的天色里。

圣伯里的村民仍然处于或多或少的原始精神状态；普通的天色没有使他们从幽灵的阴影下摆脱出来，下面的例子会证明这一点。

靠近威勒塞有一批非常大的老榆树，这里是鸮偏爱的聚会地，在一个漆黑的没有星光的夜晚，约晚十点钟，我本来一直在听着它们的叫声，在它们停止“嚯嚯”地鸣叫后，我一动不动地站在原地约半个钟头。最后，在圣伯里的方向我听到了沉重而绊绊跌跌的单调脚步声，有人越过粗糙不平，有田埂的田野朝我走来。这人走得愈来愈近，一直走到我紧挨着站立的树篱。他胡乱地穿过，一边对划伤他的荆棘低声地咒骂；接着他在两三码外一眼看见我，吓得往后一退，由于在那个地方冷不防看到一个不动的人形，惊讶得呆站在那里，我招呼他一声，解释我在场的原因，目的是听鸮的鸣声。

“鸮！——听鸮叫！”他喊道，目不转睛地望着我。隔了一会儿他补充说：“历来在圣伯里那边我们的鸮太多了。”他问我是不是听说过有一个年轻女人一星期或两星期前因白天听见她的农舍附近有鸮叫而倒地死亡？后来，在同一棵树上这只鸮又一直嚯嚯地叫下去，没有人知道那是为谁而鸣，接着肯定又会发生什么事。对这件事村子一直处于一种兴奋状态，所有的孩子聚集在那棵树近旁，向它投掷石块，但鸮不想露头。

他所说的那个年轻女人的事情是这个开明国家的一个古怪的小故事。她表面上非常健康，已为人妻，是一个小孩子的母亲；但在她摔死之前几个星期，发生一桩让她心烦意乱的事情。一天下午当她独自在农舍坐着喝茶时，她看见一只蟋蟀从打开的门进来，径直跑到房间的中央。它待在那里静止不动。女人并没有起身就拿了一些湿茶叶扔在这位受欢迎的“客人”近处。蟋蟀向茶叶挪动，它碰到叶子，好像要开始吸吮叶汁了，但使她失望的是它跳到一旁，朝门口跑去。然后失去踪影。她把这件使她吃惊的事情告诉所有的邻居，悲伤地谈到她的一个住在另一个村子的姑母，人家都知道老太太的身体不佳。“那准是预兆她的，”这个女人说：“我们会很快听到她的坏消息，我是那么想。”但是没有想到的是，这时她又开始认为那只不愿待在房子里的奇怪的蟋蟀原来是个假预言家，然而鸮的警告又使她害怕起来。正午她听到它在大路旁挨着她的农舍，一棵爬满常青藤的老七叶树上嚯嚯地叫。村民们对这件事用往常严肃的态度议论纷纷，并且一边摇头，年轻的女人这回对她姑母的康复不抱希望了；她的亲人里面准是有一个死掉，这不会是别人而就是她生病的姑母。可是，不料这回的信息和警告竟不是姑母而是给她的。在鸮大白天嚯嚯地叫过之后，没有多少日子她在做家务时倒在地上死去。

隔一天早晨我跟那位我去威勒塞拜访的朋友去了圣伯里，一宿之前听到的那个故事得到证实。一直于白天在那棵老七叶树上嚯嚯地叫的鸮，就是它预告了不久前那个年轻女人的死亡。有一位村民，他修补过靠近那棵树的农舍的茅草屋顶，告诉我们鸮叫声一点也没有对他产生什么麻烦。他老老实实地说，在秋天几个月，鸮常常在白天鸣叫，他不相信那意味什么人的去世。

这个持怀疑态度的家伙，简直不消说，是个大部分时间离村在外生活的年轻人。

在威勒塞，一位叫安德鲁斯的爱鸟者，他在村子里拥有一个大花园和果园。跟我谈了他过去饲养的一只宠物林鸮的故事。它还是幼鸟时他就开始饲养它了，而且从不把它关起来，通常白天它待在一棵苹果树的高枝上，到太阳西沉时才露面在地上飞来飞去，一发现他就栖息在他的肩膀上伴着他消磨晚上。这只鸮在一件事情上不同于别的完全有自由的宠物。他对家里的人和不是家里的人不加区分；它常常飞到任何人的肩膀上待着，不过它只向习惯喂它的人发出饥饿的叫声。因为它在这个地方随意游荡，人人都熟悉它，并且由于它的优点和对人完全信任，它差不多成为全村的宠物。但到了昼短夜长的日子——在一个被浓荫覆盖又无灯火的小村，你想象得到能有多么黑暗！——这时人们对鸮的感觉发生了一个变化，晚上它总在户外，用毛茸茸的翅膀在黑暗中隐形滑翔，又十分突然地落在任何人的肩上——不论是男人、女人或孩子——偶然走到户外来的人。男人感到魔爪突然抓住他时会发出粗野的咒骂，姑娘们则尖声叫喊，拼命逃进最近的农舍，吓得心突突地跳。然后屋里发出一阵哈哈大笑，因为那到底不过是那只驯服的鸟；但下一次还是会经历同样的恐怖，青年妇女和儿童害怕在天黑后冒险外出，生怕这鬼魅的家伙猛然飞落到他们肩上。

终于一天早晨，眼睛发光的鸮没有从它的夜游归来。在两天两夜期间，没人见到它，认为它已走失。到了第三天，安德鲁斯先生在他的果园里偶然经过一丛灌木，他听到熟悉的鸮十分低弱的鸣声。可怜的鸟儿一直藏在那个地点，安德鲁斯先生拾起它时，它的身体已十分虚弱，一条腿也折断了。毫无疑问准是一个村民，在它想停在他的肩膀上时，用棍子把它打下来而打伤的。它的骨头精心愈合后，受到细心的看护。不久它复原了，像以前那样健康，但它的脾气有了改变，它对人的信任已经丧失；它现在对他们全体——即使户内的那些人——都持怀疑态度，张大着眼睛，要是有人接近它就稍稍往后退避。它绝不停歇在任何人的肩上，虽然它还是像以前一样把夜晚消磨在村子里到处飞翔上。不知不觉地它的飞行范围扩大，它自己变得更加狂野，与人为伍不再使它愉快，也不再必要；最终它找到一个愿意不究它以往的伴侣，它们一道飞得远远地去过野生生活去了。

SHELDRAKE

翘鼻麻鸭

雁形目鸭科麻鸭族体形较小的种类。翘鼻麻鸭嘴短，体形略似雁，但腿稍长，呈直立姿态。仅见于旧大陆。欧、亚的普通翘鼻麻鸭体羽黑白相间，有浅红色条纹。雄体嘴为红色，嘴上有疣。翘鼻麻鸭多数种的雄体鸣声悦耳，终年均富进攻性。

SHELDRAKE

THE STRANGE AND BEAUTIFUL SHELDRAKE

·第十章 奇异而美丽的翘鼻麻鸭

* 索姆塞特爱克斯河的源头在切达尔谷的前端，离有大教堂的城市威尔士两英里的位置，大量清冽的流水从山腰一块陡峭而乌黑的岩石石洞里哗啦哗啦一泄而出。这个山洞叫沃基霍尔，它上面的粗糙不平的石壁披满了常青藤和蕨，许多细小的匍匐植物和开花的灌木在它的裂缝里生根；寒鸦把它们的巢就筑在石洞内。这是一批为数众多也是噪声鼎沸的寒鸦的殖民地，它们像乌云般倾巢出动，也是最兴奋的时候所发出的最喧嘈的呱呱声，几乎被下面的激流更宏大的吼声——河流在从乌黑的山洞奔流而出，投入苍穹下的阳光和那个美丽山谷的青翠的植被时所发出的自由又高昂的欢呼所淹没。爱克斯河在十五英里远处的地方就结束了它的河道，虽然它是一条不长的河，但这十多英里是英格兰西部最美丽的山谷之一，风光旖旎的河道，牛群与小麦产量丰富。在它流入塞文海的入海口耸立着勃列昂唐峰，这是一座巨大的孤峰，是芒地普山脉在那一边的最后一座。它有一种独特的外貌，可以把它的形状比拟为站在一个非洲湖泊边的一只犀牛，它的胸部与口部与水接触，整个身躯的腹部深埋在泥泞中；事实上它是一座山或一个岬角，由一条低而平的陆地跟本土联结起来——一座巨大的，长方形的，背部如一个马鞍的山经威尔士伸入大海。在山麓，它和大陆的接合处，紧挨着爱克斯河的入口，有一栋农庄住宅，主人是整个山的租户，用它作牧羊场，羊、兔子和飞鸟是唯一的居民。我记得一次有意思的经

历，那是春天非常晴朗的早晨，但房子附近寒冷有风，在一个可以从那里攀登陡峭的山崖的地点，有一片绵长的岩石带，看起来像一个巨大的毁圮的城堡的墙壁，表面乌黑而粗糙不平，上面挂满了古老的常春藤，顶上则生长着荆豆、悬钩子、荆棘，我来到这块巨大的挂满常青藤的黑色石壁前，躲避寒风。我站着一动不动，享受着令人舒服的温暖宁静的空气。这时在高高的上方出现一小群疾飞的朱顶雀，表面上似乎是被劲风吹过，但非常突然，当它们直接飞过我头上时，鸟儿径直降落下来，像一阵小石子落进大片常春藤、荆豆和悬钩子中。它们刚一落定，消失在那温暖无风的青葱的草木里，即刻就爆发出一阵最悦耳动听的奔放的朱顶雀大合唱，使我为之心醉神迷，我在野生鸟类的生息地所消磨的全部岁月里，从来没有听到过这么飘飘曼妙的仙乐。

---

*

站在这座山冈或丘陵的最高点眺望，塞文海[①]就在你面前，再望过去是格拉摩刚郡的青山，海岸上，加迪夫城由于处

① 布里斯托尔湾的一部分，把索姆塞特郡与南格拉摩刚郡隔开。

在远方而显得美丽，在蓝色的烟雾和闪烁的日光中模糊地看到犹如一座梦幻的城市。在你站立的右方，也就是狭窄的海面。你清楚地见到正在发展中的年轻大城市威斯登苏泊梅尔——如人们所称的——布里斯托尔的马尔盖特[①]或布莱顿[②]。它由巴思石盖起来，从这里远距离地看去灰蒙蒙的，由于石板瓦屋顶而暗淡无光，且有一点点怪异；但那景象并不令人讨厌，若你愿保留愉快的印象，可以走远些看，别比勃列昂丘陵地更近，因为更近它的面貌有了改变，简直是丑陋。在你的左方你看到漫长的好几英里，好些低而平坦的地区，一直延伸到巴列特河，并超越它直到青色的昆托克山脉。那片低地与海面处于同一水平，是英格兰最平坦的地区，甚至伊利区[③]也不例外。除地势平坦对某些人所具的特有的引人入胜之处外——它对我有极大的魅力是由于早年的往事联想——这里有很多东西吸引着自然爱好者。这是苇莺主要的栖息地和乐园，苇莺是我们最可爱的鸣禽之一，在这里，据我所知，这里可以比在英国任何其他的鸟类栖息地有更完美的环境听到它的歌鸣。

这条低而平坦的地区大部分是牧草地，有看不到头的沟渠疏导着积水，在停滞不流像雪利酒[④]一样颜色的水中满是芦苇和莎草；低矮的山楂树沿着沟渠的沿岸生长，那是植被中

① 马尔盖特为肯特郡塔内岛的海滨城市。

② 布莱顿为东苏塞克斯郡的著名海滨避暑地。

③ 剑桥郡的一部分。

④ 一种原产于西班牙的白葡萄酒。

唯一的树木。要是站在这片广阔而平坦的青翠的田园或空间的某一点上，远离沙堤或沟渠，你会感到那种奇异的静谧，除非有一只云雀在附近歌唱，那就完全是一个无声的世界。在平坦的绿油油的大地上，被鲜花覆盖成一片黄色的地方，那里色彩鲜明和花朵芬芳的场景使人难以想象，你能在最大程度上领略到那种花的芳香。一来到沙岸上，你就不再置身于以花香为它的主要魅力的一块无声的土地，而是处在一种纷至沓来的永远的音流当中。你可以几小时或坐或躺在碧绿的岸上，而鸟音不绝于耳，它是那么甜美，在这样一个春光明媚美妙的地方漫步一天后，再次回到林间、田野和田庄，画眉和乌鸫的歌声犹在耳边，如同家禽和鹅群粗糙的啼声一样嘹亮。

就是在这个地区，从勃列昂丘陵西去，沿着海岸往登斯特，我得以最有利地观察和欣赏美丽的翘鼻麻鸭——它差不多是现今允许在索姆塞特生存的唯一大型鸟类。

不列颠群岛的翘鼻麻鸭在自然史书籍中被称为普通麻鸭，但理由并不充分，因为作为十分普通的观赏性水禽，它现今只有一种。它可以在本郡许多公园和私人场地见到，它引人注目的羽毛和形象必定对一般人是非常熟悉的。许多人把它看作是一种温驯的禽鸟，而熟知它的人或许会说美丽别致的描述性词汇并不十分适合它。他们会说它有一副特点鲜明的外表，或者说它漂亮并古怪独特；他们可以把它描述成一只异常纤瘦而外表优雅的埃尔兹伯里鸭[①]，比那种家禽更白，喙和足绯红，头部是有光泽的暗绿色，在它的雪白的羽毛上有栗红色和黑色的杂色色斑块。说它“奇特”我是考虑到它的习性，倒不是它外表的特点。

至于它的美，那些知晓它在自然状态下的人——它在海岸生息地——会一致同意它是我们最漂亮的野生鸟类之一。如今不能说它是普通常见的，除非在少数为它所偏爱的地域。在南部海岸作为一个繁殖的物种它已几乎灭绝，在英格兰的东海岸，甚至在非常适合它生活的地方，如荷里岛和班布罗堡的海岸以及那里的大沙丘它也日渐稀少。要不是人——那些邪恶的人，这些面向大海的小丘，由于覆盖它们的粗糙的滨草万古长青且比常青藤更绿，也许就是翘鼻麻鸭的乐园。那些人在育雏季节用望远镜窥望它，洗劫它们的卵。受到迫害的鸟儿变得格外胆怯而小心，它一定走往它在沙丘中的洞穴内，由于它明显的白色羽毛，那个耐心的守望者可在远处监视它，认好那个地点的标法，然后拿着铁锨轻易地去把掩藏的卵挖出来。

在索姆塞特的海岸，这种鸟的情况还不是那么恶劣，我跟它们一同度过许多愉快的日子。当海潮退落，它们忙于寻找赖以为生的在海滩上海草中的小水生动物时，单纯守望着

---

① 产于英国白金汉郡首府埃尔兹伯里的肉用鸭，羽毛纯白。

它们觅食就是一种极大的乐趣。在这样的时候它们最活跃而且喋喋不休，发出种种类似大雁一般的声音，常常飞起来互相盘旋追逐或双双或六七只成串，在海岸上下飞翔，表演着姿态极其优美的飞行。有人在守望一阵海边这种海鸟后，又去公园的湖畔观看同一种鸟儿，它们被剪掉飞羽加以驯养，或坐或立，或无精打采般静静地游泳，他会对它不同的面貌十分惊异。这种温驯的鸟儿跟普通的家鸭大小差不多；飞翔在阳光下的野生的翘鼻麻鸭，看起来有雁那么大。有些其他的大型鸟类在类似情况下也会使人产生同样的幻觉，例如普通鵟，若在我们上方飞得高高地打旋，有时显得如雕一般大，据猜测这种放大的作用使腾飞的鸳具有某种崇高的意味，这是由于阳光射过半透明的翼羽和尾羽而产生的。就翘鼻麻鸭的情况来说，这种夸大的形体也许是强烈的阳光照在飞行的白色物体上造成的结果。从远处看飞行中的鸟儿，其羽毛完全呈现一种达到极致的皓白，栗色、黑色、黛绿色的暗色斑块，只是在它飞近或停落下来收拢双翼时才显露。

等到海潮淹没它们在海岸的觅食场，翘鼻麻鸭就去青翠的低地牧场，那里可以见到它们小群小群地像大雁一样吃三叶草和青草。一天我在牧草地看见约一打的翘鼻麻鸭混在一大帮白嘴鸦、寒鸦和欧椋鸟当中跟牛群一道觅食。这是一个奇特的集会。红色的德文牛[1]、发光的白色翘鼻麻鸭、黑色的白嘴鸦在鲜明的绿茵上产生一种罕见的效果。

最好看的莫过于观察鸟儿在五月育雏。勃列昂丘是一个古老的被鸟类最喜爱的繁殖地，它们在兔穴内生儿育女，有时候在一丛稠密的荆豆下的地上。在这条海岸上的另一处地方我碰上难得的好机会，发现好些对麻鸭在一块私人围绕起来的地点育雏，并且我可以在任何一天走到非常靠近的近处观察它们一连达数小时之久，研究它们奇特的身势语，据我所知，迄今为止尚无有关这个研究的著作。它们大约有三十对，育雏的洞穴多半是分散在一片沙地上的兔穴，沙地面积约一英亩半，几乎被水包围。我观察时鸟儿都在孵卵；在上午十点左右它们一双双开始从海上到来，全都在一处安顿好，我在水边的灯芯草中爬过一段距离就到达离它们四十码之内，且可以按时间计算，观察它们而不被发觉。在不到一小时左右就有四十至五十只鸟儿组成一群，每一对配偶总是在一起，有的趴在草上，其他则站立，全体都十分安静。最终，鸟群中的一只雄鸭会突然一下开始缓缓地，从容不迫地把头从一边转向另一边，像一位钢琴家及时地按着乐曲的节奏摆动身体。如果这个举动没有引起坐在它身旁草上打盹的雌鸭的注意，雄鸭会向前走几步，直接挡在它面前以强迫它

① 产于英国德文郡的樱红色肉用牛。

重视，同时比先前摇晃得更有力，可以说是要训斥它，虽然并没有用言词，意思是到了它起身去洞里产卵的时候了。我不知道有无别的物种，其雄性负责教导它的伴侣这种家事，人以为这纯属它处理的范围；有些鸟类学家也许怀疑我对翘鼻麻鸭的古怪行为的解释是否正确。但请注意接着发生的事情：母鸭终于懒懒地勉强起身，也许还伸伸懒腰，接着一会儿后把脑袋摇两三次，仿佛说它已准备好了。雄鸭立刻举步，引路向洞穴而去，母鸭跟着，洞在约二百码之外；在路上它有时停步，这时它马上转回又开始摇晃的动作。最后到达洞口它退到一旁让它进去，又摇晃自己，然后低头向洞内瞧望，再抽身而退；最后在经过它这样劝说后，它低下头，平静地匍匐着身体进入到洞内。雄鸭单独留下来，待在洞口，扬起头来仿佛一个站岗的哨兵；但过了五到十分钟它慢慢地向鸭群走去，趴下来在同伴中间静静地打个盹。它们都是有配偶的；其中雄鸭有神秘的办法知道产卵的时间，必须进行这同样的仪式，不过可以按它的伴侣的脾气而作变化。

看到间隔地一对配偶离群产卵是挺有意思的，你不知道别的一对对，如果过一会儿轮到它们，是不是有所议论；但是在洞口无声的对话对亲眼目睹者永远是十分有趣的。有时雌鸭表现得极为不愿意，你能想象到它这么说：“我这么远道而来！只为让你欢喜，但你将永远说服不了我到那个可怕的黑洞里去。如我一定得下一个蛋，我愿意就下在外面的草地上让它听天由命。”

对雄鸭来说是相当为难的；但它从不发脾气，从不用它粉红色的喙打它母鸭的耳光，或者用它闪光的白色的翅膀扇母鸭，也不说它就像一个女人——一个不讲理的蠢东西。它非常温和而体贴，为母鸭苦恼，对母鸭充满同情，重复着母鸭它以前说过的话，但用的是不同的方式；它同意母鸭的意见洞里面黑暗而憋闷，见不到可爱的阳光，但翘鼻麻鸭在洞里生儿育女是一个古老的习惯，自有它的好处；只要它愿意克服它对那个长而窄的甬道内黑暗的天然反感和恐惧，一旦在窠里安定下来，感觉到在它温暖的身体下冰凉的卵又变得热乎，它就会发现那毕竟不是那么恶劣。

到头来，母鸭还是成功了；它低下漂亮的头平静地俯身而入，它的身影消失，同时雄鸭留在洞口守卫了小会儿。

GEESE

鹅与雁

多数人认为欧洲鹅起源于灰雁，外形硕大，颈粗短、躯平，头部无肉瘤。鹅大小体型不一，按羽色可分为白色和灰褐色两种。前者足及喙橙黄色，体型较小；后者体型较大，中国古代称苍鹅，色黄褐、灰褐到乌鬃间有白色羽毛或白羽轮，也有白羽中带灰褐毛或灰褐毛中带白毛的。

GEESE:

AN APPRECIATION AND A MEMORY

·第十一章

鹅与雁[①]：欣赏与回忆

① 英语中雁与鹅是同一个词goose，雁加一个修饰语即wild，称wild goose（野鹅），本文中有时不作区分。鹅是雁驯养而成的。geese为复数。

十一月的一个黄昏，在林德赫斯特[1]附近我看到一群鹅组成一支长长的队伍，按习惯，由一只雄的带领，正往前走；它们是从森林觅食后回家，我发现的时候正接近它们的主人的农舍。到达农舍前面花园的木头大门前，带头的鹅站住不走了，用反复尖利的叫声要主人放它们进去。很快，从农舍出来一个男子回应了鹅的要求，轻快地沿着花园的小径走来，把大门打开，但宽度只容他的右足通过。接着他用膝和脚挡住带头的那只鹅，粗鲁地把鹅赶开；在他这样做时，三只小鹅紧挤上前，得以通过，然后大门砰的一声把雄鹅和其余的跟随者关在门里，这人就转身朝农舍走回去了。尽管它多半在以前曾受到过同样粗鲁的待遇，但雄鹅的愤怒是够瞧的。它再次走到门前停下来，比刚才更加大声地叫唤，然后小心翼翼地抬起一条腿，把宽大的蹼足像一只张开的手对着门毫不含糊地要把它推开，它力气不够，但它不断地推和叫，直到主人回来把大门打开让鹅群进去。

① 位于英国南部靠近利明顿的一个古老村庄。

这是一幕令人惊讶的情景，鹅的举动使我觉得颇不寻常。这只鹅的高尚精神和对它的权力的坚持，高贵的仪表，庄重严肃的态度，审慎的行动使我很久以来对它敬重而赞赏，超过对我们所有的家禽。毫无疑问从审美的观点看，在某些方面其他驯化的动物比它高明，不声不响的天鹅，似“浮动的变奏曲”，既优雅庄重又高贵威严，蜷曲的颈项，羽毛纷披的肩胛；穿着闪闪发光的披风的东方孔雀；戴着头盔的珍珠鸡，羽毛上分布着星星一样的斑点，红色的雄鸡有一副军人的派头——飞禽世界里面的伊丽莎白时代的骑士、歌手、情人和斗士。几乎不容置疑，在精神上鹅是高于这些身份的；在我的心目中鹅具有更为高尚的地位，但它也非常为人所熟悉，我们没有忘记它在我们当中出现的理由。它满足了一种物质需要，十分慷慨大方，由于这个缘故在我们的心目中，它单单跟可口的美味关系极其密切。我们为了装饰点缀着一只天鹅或孔雀，要是养一只鹅——那是为了餐桌——它是米迦勒节[①]和圣诞节的盛馔。多少命运有点相似的霉运落到澳大利亚绵羊的头上。对藏在灌木丛里的人来说，它不过是一头可以精心制作为油脂的有机物，它的命运是在膘肥体壮时被扔进融化油脂的大桶，它的主要用途是做文明的机器润滑剂。我们住在殖民地的居民发现宗主国的大艺术

① 纪念天使长米迦勒的节日（9月29日）。

家赞赏这种毫无诗意的动物，还浪费时间与才能去画它，这有点使他们震撼同时又开心。

五六年前，在《阿尔卑斯日报》上，马丁·康卫[①]爵士对他同A·D·麦考密克的初会写了一篇生动有趣的记叙，画家随后陪同他去喀喇昆仑山与喜马拉雅山探险。“一位朋友来访，”他写道，“口袋里带着一本被压皱的鹅的水彩画，给我留下对这些画取材广泛的印象。我记得曾说过，那看出一群鹅的姿态如此壮观的人应该是那种画高山并且把它们的崇高威严的气象表现出来的画家。”

我要大胆地说他是用艺术家的纯正的眼光来看这些素描的，但以前没有这样来看这一生物，由于浮动于形象和视线之间的雾幕——如果允许用这个词的话——而没有把它看清楚，他只记得丰盛的鹅肉、紫苏叶、葱头、甜苹果酱的美味与芳香。如果没有出现插在当中的迷雾，谁能不赞赏鹅呢？那是一个由云灰色或透明的白色大理石雕成的鸟形的塑像，庄重威严，可以在英格兰的任何村庄和绿色的公地见到它醒目地站立。虽然鹅是一种被驯化的禽鸟，但依然多少保留着野性和独立精神，这给予它一种比我们所见的其他驯养的禽鸟更为高傲的神气。它是我们所养的最不胆小怕事的家禽，即使在远处，你若走近来它也用一种使你想起灰雁的态度对

① 马丁·康卫（Martin Conway，1856～1937），英国著名艺术评论家、政治家、登山家和绘制地图师。

待你，灰雁在野生鸟类中是最小心谨慎的，这时它会伸长脖子，站着不动，警惕地守望着，活像一个值勤的哨兵。见到它这样，假如你故意走近它，它不会如别的精神状态较平庸自卑的家禽那样悄悄地溜掉或是急急忙忙地逃避，而是勇敢地走向前去迎接你，向你挑战，它的感觉是多么敏锐，不论圈禁的岁月多么长，它始终保持着古老的戒备的本能，这是每个在孤零零的乡村茅舍中有住宿经验的人都知道的。在深夜的某个时辰，睡觉的人会突然被鹅的高昂的尖叫声所惊醒；那是它们发现了某个暗中潜行的觅食者接近了，或许是一只狐狸，或许是一个从事偷窃活动的流浪汉或吉普赛人，狗都还没来得及叫吠。在许多到处分散的农舍里，人们会告诉你鹅是更好的“看家犬”。

如果我们从纯审美的观点来考虑这种鸟——我在这里是一般地谈到鹅，包括鹅亚科的三十个物种，分散在全球的寒带和温带——我们发现其中若干种具有美丽斑斓的颜色，如果不是同样高傲，常常是比我们的家鹅或它的原种野生灰雁的仪态更优雅。如果你知道这些鸟类，你会十分赞赏它们。我们还可以补充，这种赞赏在我们这个地球上已经历史悠久。著名的埃及学家认为在美都姆发现的壁画断片可以追溯到至少公元前四千年，很可能是世界最古老的图画。画上有四只鹅，分属三个不同物种，画得惟妙惟肖，形状和色彩十分有鉴赏价值。

在外形与仪态上最出色的是麦哲伦雁，这是南极的克罗德加鹅属的五至六个物种之一，产于巴塔冈尼亚与麦哲伦群岛。这种鸟的一个特色是性别不同，颜色也不同，雄鸟白色带有灰色的斑纹，而雌鸟主要的羽色是红棕色——这是一种鲜艳的颜色，衬以几分白、灰、强烈的肉桂色和美丽的黑纹。在它们飞翔的时候你去观察，整群显露的外表，好像是两个不同的物种结合在一起，如同我们偶然看到的海鸥和白嘴鸦或雄翘鼻麻鸭与黑色的海番鸭混在一群中似的。

这种漂亮的鸟早就引进到了英国，因为它自由繁殖，有可能它会变得相当普通。任何一天我们都能看到它；但这些背井离乡者，翅膀被割断而圈禁在公园内，并不十分像我早年在巴塔冈尼亚和布宜诺斯艾利斯南部大草原的麦哲伦鹅那么跟我亲密无间，它们在那里越冬，数量之多难以置信，当地人称之为“鸨”。我愿意放弃在今后三年内一切邀请我的盛筵、我将阅读的一切小说、我将观看的戏剧，作为交换，为了像我过去那样般重又见到它们，整天整天地数以千计，晚上倾听它们野性的呼声，也许还插进某些其他的乐趣。在它们迁徙的季节，于静谧的打霜的夜晚，我倾听着这种鸟儿的鸣声，它们一群接着一群，整夜整夜地沿着某条河道低低地飞行；或者从大草原上一个牧民的小屋，我听见有几千只这种鸟儿在邻近的旷野上过夜，它们众多声音的效果（好像它们出现时我看见它们飞行时那样）是非凡的，也是美丽的，由于它们发出的种种声音鲜明的对比。在明净打霜的夜晚它们最喋喋不休，它们的声音可以按时听到，起起伏伏，时而为数不多，时而许许多多参加没完没了地聊天神侃——唠唠叨叨而又协调一致：严肃深沉的嗗嗗声，悠长庄严的声调变成一种颤动的声音；最为奇妙的是雄鸟好听又清越的哨声，有时平稳有时颤抖，时而长时而短，变化多端，比野鸭的夜啼更加奔放好听，比任何海鸟、任何莺、画眉或鹪鹩，或任何吹奏乐器的声音更为欢快鲜明。

大概那些从不知道在自然状态下的麦哲伦雁的人，最能欣赏它目前在英国半驯养状态下优秀的特性。不管怎样，不久前一个伦敦人在我面前谈起雁的那份热情简直使我吃惊，那是在我们一位最了不起的动物画家位于圣约翰林的画室里。一个星期天的晚上，我们的谈话部分内容是关于鸟类的，一位上了年纪的老先生说他很高兴会晤一个能告诉他最近在圣詹姆士公园看见一种奇鸟情况的人。他的描述不太具体，他说不准它的颜色，也说不出它的嘴是什么模样，脚有蹼或无蹼；但它是一种高大的鸟，那里有两只。这种鸟就用这模样在他面前出现而把他吸引住了。在他穿过放养鸟儿的围场附近的公园时，他从远处看到这一对异鸟在草地上，鸟儿发现他停步注意它们，就不觅食了，或不管正在干什么，向他走来。不是想让他喂食——他并认为它们有这类动机；那纯粹是出于对他友好的感情，使它们立即用自己的方式回应他的观望，向他靠近，对他致意。等它们离他站立的地方不到三至四码时，它们相当有尊严地继续朝前迈步，一边发出几声低低的鸣声，伴以某些优雅的姿态，然后转身离开，但不是贸然一下背向着他——不，它们不干这么平平常常的事，不像别的鸟类——它们处处都挑不出毛病；从他那里走开，间断地一边暂停一边左右顾盼，把头部前倾。这时我的老友起身，在地板上踱来踱去，向左右弯腰，做出种种适当的姿势，试图大致给我们展示这种禽鸟的温文尔雅的姿态。我们认为这是非常令人惊讶的：这种鸟的姿势和步态跟人类的一致，但在完善方面则无限高出于在欧洲或世界各地能看到的禽鸟的表现。

我告诉他，他所描述的这种鸟，无疑是高原雁。

“雁！”他用惊异而反感的声调喊出来，“你是严肃认真说的吗？雁！呵，不对，一点不像雁——倒有几分像鸵鸟！”

显然他对鸟类的知识是完全不准确的；假如他发现一只翠鸟或一只绿啄木鸟，他大概会描画成一种孔雀。关于鹅，他只知道它是一种可笑的、笨拙的生物，尽管吃起来挺香，它的傻里傻气是众所周知的；要是有人认为他的智商与趣味如此卑下，以至设想他有可能大为赞赏鹅这种禽鸟，或任何跟鹅有关的禽鸟，那是有伤他的自尊的。

至此我要撇开美丽的南极雁，南美大草原牧马人的“鸨”，我们伦敦人的近似“鸵鸟”等的话题，来谈谈我早年的一桩回忆，以及我是如何首先成为熟悉的家鹅的赞赏者。此后我从来没有在如此适宜的条件下观察它。

离我家二英里路的地方有一栋古老的泥屋，屋顶铺以灯芯草，由几棵半枯的古树盖着泥屋。一个年纪很大的老妪和她两个未出嫁的女儿住在这里，女儿又老又瘦像母亲。真的，在外貌上她们活像三个和蔼可亲的女巫姊妹，全都非常、非常老迈。房子所在的高地地势倾斜，往下便是一片广大的灯芯草和芦苇丛生的沼泽，这也是一条重要的小河的源头；这里是野禽的天堂，天鹅、粉红琵鹭、白鹭、灰鹭、六种野鸭、沙雕、彩鹬、长脚鹬、鸻、塍鹬、彩鹮、声音响亮的大冠蓝鹮。可以说所有这些鸟都使我不想再对在沼泽或沼泽边缘跟野禽一道消磨时光的温驯的鹅那么感兴趣和入迷。这三个老妇人非常喜欢她们饲养的鹅，不管怎样都不愿跟其中的任何一只分开，至多也不过是在产蛋季节送一只蛋给来访的客人以表特别的敬意而已。

若见到这整个一群数达一千只以上的鹅，扬起脖子站在沼泽上对一个走近的人长啸，那真是壮观的景象。要是听到它们突然一齐大声尖叫，这也常常发生，也是够了不得的。现在我似乎还能听到那强大的怒吼！

至于这声音的特点，我们在前一章引述诗人考伯在公地以及农庄听到时称灰家鹅为“声乐家”的不低的评价，但是在僻静地点的自然环境下听到这种声音对精神的作用是大为不同的。即使像我一样从远处听到，在那片大沼泽上它们几乎是在天然状态下生存，那鸣声也不能跟在天然生息地完全野生的大雁的鸣声相比。罗伯特·格雷[①]在他的《苏格兰西部的鸟类》一书中曾描述过灰雁的鸣声，有关这种雁的声音他写道："我最近（1870年8月）在外赫布里底斯岛的经验提醒我，我曾经注意到的这些非常僻静的地方，这种鸟的鸣声的一种奇异效果。我到过南尤依斯特，在格罗加里，我得到比尔尼先生的盛情接待，寄居在他家里……在我到达后的那个安息日早晨，我在一片静寂中被正飞过房子上空的灰雁群的鸣声从睡梦中闹醒。它们的声音，由于距离而被柔化，听起来并不嘈杂，使我想到大城市中心教堂的铿锵钟乐。"

我认为这是一个事实，由于这样一种大型野生鸟类的声音所代表的单纯的荒野，对许多人的心灵来说，在它孤寂地出没的地方，是受人欢迎的，使这种声音，不论它可能是什么性质，比最美的音乐更令人感到愉快。一个朋友告诉我，曾经有人向某位杰出的文人兼教会的大人物提问，他为什么要远离社会，生活在东海岸最冷落的村庄里；那个地方位于平坦荒凉的海滨，站在那里眺望北海，在遥远的斯匹兹伯尔根岛之间见不到陆地。他回答，他以那里为家是因为那是

① 罗伯特·格雷（George Robert Gray，1808～1872），英国著名动物学家和作家。

英国唯一的地方，坐在他自己的房间里能听到红脚雁的唳鸣声。只有那些失去灵魂的人才不理解这句话的意义。

我描述的属于这三个老妇人的鹅群，飞翔能力极强。在它们沿小河飞往下游时，其中一些发现离家约八英里处有一片地势低洼广袤的沼泽地，紧挨着似大海一般的拉普拉塔河。在这片无边无际潮湿翠绿的土地上，既无人烟也无房屋。鹅群非常喜欢它，它们一小群十二只到二十只，越来越频繁地飞到这里游憩。它们整天飞来飞去，直至都认识这条道路。每逢一个步行或骑马的人出现在一个鹅群的视野之内，离开家园这么远的鹅群实际会像野禽一样警惕！惊惶地守望着这个陌生人走近，当他仍然还在相当一段距离外时，它们就已远走高飞而无影无踪了。

老妪们为她们心爱的鸟儿这种动荡不宁的精神感到难过，对它们的安全愈来愈焦虑。但这个时候年纪最老的母亲明显已濒临死亡边缘，她长年卧床不起，听任岁月慢慢消逝——成为一个样子像女巫的怪物——我记得挺清楚——比近旁的沼泽上栖息的灰鹭还要消瘦、灰暗，更像幽灵。最后她终于撒手人寰，据她的女儿说高龄一百一十岁。在她去世后人们发现大批的鹅，那种高贵的禽鸟只剩下一小部分，约四十只，这些多半是不能持续飞行的。其他的再没有回归，它们是不是遭遇到了沼泽上打野鸭或天鹅的猎人，或者沿着那条大河飞向大海而把家园忘掉了则不得而知。在它们一去不返一年左右之后，沼泽上偶尔还可以见到一小群，它们极易受惊而且飞行能力极强，但即使这一小批，最后也无影无踪。

多半，要不是猎枪和火药，欧洲的家鹅通过偶尔在人烟稀少的地区恢复野生生活，在此之前已经广泛分布到全世界。

人们会奇怪在长达好几千年的漫长岁月里，由于驯化而缺乏飞行的生存条件，家鹅那最强烈的野性难驯的迁徙冲动是否已完全消灭了呢？我们把它看成一个比较没有变化的物种，多半那种未得到练习机会的能力并没有消亡，而只是处于沉睡状态而已，在有利的环境下又会重新觉醒。这种野生鸟类的激情的力量在朵拉·西格逊[①]女士一首题为《大雁的飞行》的小诗中得到恰如其分的描写：

> 从它们的翅翼甩掉海水，从内心感到绝望，
> 随着一声唳鸣它们在暴风雨的胸膛上一去无踪。
> 你何时回到故乡，大雁呵，你多达一千只，
> 烈风和翻腾的大海都不能阻止你归还……
> 只有死亡的收割能使你不再回归。

---

① 朵拉·西格逊（Dora Sigerson，1866～1988），英国爱尔兰女诗人和雕刻家。

北极和南极的雁在对它们遥远的繁殖地，也就是这种禽鸟的摇篮和真正的家园的热爱是没有不同的，我将许多年前我的一个兄弟对我讲的一个故事来结束本章，他那时正在布宜诺斯艾利斯南部边境的一个寂寞荒凉的地区牧羊。为数量很多的高原雁大群习惯于寒冷的季节在这片平原上越冬，我的兄弟在这里盖了一个孤零零的小屋。南半球早春八月[①]的一个早晨，在雁群全部启程南飞后他骑马外出，他看见前面远处平原上有一对大雁，它们是一雌一雄——一只白色一只棕褐色。它们的行动引起他的注意，于是他骑马向它们走去。雌雁正稳步向南而行，雄雁走在前头相距不远，在极其激动的同时，经常回首看看伴侣，不时大声呼唤，间歇几分钟就腾飞起来，尖声叫喊，飞到几码距离之外，等它发现雌雁没有跟来就回转去，在离后者四十至五十码处停落，开始像原来那样步行。雌雁有一只翅膀折断了，因此无法飞翔，只能长途步行前往麦哲伦岛；它的伴侣，用它胸膛内发出的那种神秘而带命令式的声音向它呼唤，可是不愿抛下它，而是飞离一小段距离指引它的道路，一次次回来，用最粗野最刺耳的声音呼唤雌雁，教雌雁展开翅膀，跟自己一道飞向它们在远方的家。

以这种可悲的令人焦急的方式，它们会继续走下去直到

① 南半球的季节与北半球相反。

不可避免的终点，一双或一只喜食腐肉的雕会从远处侦察它们——两个被同伴们抛下的旅行者，一只飞，另一只走，前者很有可能只能单独地继续它的旅程。

自从多年前这篇赞赏雁与鹅的文字发表以来，我看到过许多雁与鹅，也可说继续保持着与它们的关系，也在我的《鸟界探奇》（1913）中写到他们。最近几年经常访问滨海的威尔士[①]已成我的习惯，刚好迎接每年它们在十月与十一月到这个最喜爱的地点来过冬。我这本书所谈大雁的故事当中有三则是有关这种禽鸟高贵尊严的姿态以及它的非凡智慧的，这里我想回过头去再讲一个故事，只不过这是一只家鹅的。

在我收到《鸟和人》初版（1915）众多读者的来信中，其中有一封特别使我感兴趣，这是一位老先生写来的，他是威尔士这个有大教堂城市的一位退休教师，同时也是一个能使人快乐的书信作家，但不久我们之间的通讯停止了，有三四年我没有他的消息。后来我去威尔士用了几天时间去访问和探询此地的朋友，我想起我的这位令人愉快的书信作者，于是去拜访他。在我们交谈中他告诉我他对我的书印象最深的一章是写鹅的，尤其是有关这种禽鸟高贵尊严的姿态，它的独立精神和对它的主人无所畏惧的那些段落，它大

① 在诺福克郡的海港。

大不同于别的家禽。他非常了解它；他在感情上被鸟儿的那种高傲的精神所折服；他非常想把他亲历到的一次奇遇讲给我听，但这件事情对他自身影响并不太有利，作为一个富于同情心，心地公正，或者说具有高贵品格的人，他曾经加以隐瞒。不管怎么说，既然我来看他，他愿意一五一十地说出来。

某个冬天英国下了一场好大、好大的雪，尤其在南部和西部。雪整天整夜下个不停，次日清晨，威尔士似乎半埋在雪中。那时候他跟一个女儿住在一起，女儿替他管家，他家的农舍是在城郊。他想出门去却发现被雪所围，雪挨着墙筑起一道堤岸一直跟屋檐齐平。半个小时后使用铁铲使他得以通过厨房的门走到户外，太阳照耀着一片令人眼花的皓白寂静的世界。但没有送牛奶的人来按户送奶，既没有烘面包师傅和屠夫，也没有其他商贩送货上门，家里一点食品也没有了！但是牛奶是早餐首要的，所以手里拿着奶罐的他鼓起勇气出门寻路去不远的奶店。

一道墙垣和树篱在一边挡住他屋前的花园，眼下已完全为积雪所覆盖，像山坡一样高达约莫七英尺。当他停下或观望在园里的这一大堆雪时才看见一只鹅，这是一只浑身洁白如雪体型健硕的家禽，全身羽毛连一个灰色的斑点也没有，距他几码远站着，离地面约四英尺。它整个雪白的身体，在白皑皑的背景上，使他直到接近注目而视才看见它。他静静地站着，惊讶而赞赏地盯着这只高贵的禽鸟看。它高高地昂首而立，一动不动，仿佛是用什么透明的白玉雕刻出来的一只鹅的塑像，竖立在那个地方闪光的雪堆之上。但不是雕像，它有活生生的眼睛，头部纹丝不动，盯着他以及他的一举一动。那时他脑海里一下产生这个念头，就是说这只鹅事实上是某种非常鲜美多汁的食物，他差点儿认为是天赐给他一家的珍馐；只要他在经过时突然扑过去逮住它，那是多么轻而易举的事情。它是什么人饲养的，这都不是问题，但这场暴风雪和猛烈的西北风把它刮到这里，远离它的出生地，对它的主人来说，是永远失去了。实际上它现在成了一只野生的禽鸟，他可以自由地捕获它而无须疑虑不安，只要大雪继续困住它，尽可拿它饱餐一顿增加营养。他手拿奶罐站在那里一会儿，便想通了，向前走了几步以便察看它是不是产生疑惧的迹象；但一点也没有，只见到鹅没有转过头去而是一直用一只眼睛的余光注视着他。最后他决定最好还是先去打奶，回来时把奶罐放在大门旁，用漫不经心的态度向住宅门口走去，不去注意鹅，等他走到跟它并排时突然转身扑过去逮住它。再容易莫过于此，于是他暂时离开，约十五分钟后拿着牛奶回来，发现鹅还在原地姿态不变地站着不动，对他走到大门旁并不感到不安，看到他经过精心策划，以不经意的姿态向它走来，也一点也没有表示要挪动的意思，于是离它不到三码时，出现紧张的一幕——他突然全身一转，猛力扑向他的牺牲品，伸出手臂想去逮它。他用的冲劲如此之大，以致全身直到脚踝都埋进雪里了。但是在没有扑倒之前，不到一秒的瞬间，他看到奇迹发生。刚好他的双手要碰到鹅时，大鹅展开双翼，从站立的地方腾空而起飞向空中，使他鞭长莫及。在雪花飘舞中，他像一个溺水的人，肺部吸进代替水的积雪。在可怕的一刹那间他以为自己死了；接着他奋力挣扎脱身而出！站着哆嗦不停，又喘又呛！雪让眼睛都失明了！没多久他恢复过来，往四周一瞧，他的鹅站在雪堤顶上离原来的地方三码左右！它像先前一样站立着，完全静止不动，它的长长的颈项和头部抬着，在外表上依然是那个雕刻出来的雪白的塑像，在蓝天的衬托下只不过显得更加轮廓鲜明，给人印象更深，像原先一样，从一只眼睛的眼角注视他。

他说，他一辈子也没有为自己感到这么羞耻！要是鹅尖声叫喊，从他手上逃跑，事情本来不会这么糟，但它偏留下来，仿佛对他试图伤害它表示极其蔑视，甚至觉得憎恶。这是一只十分不寻常的鸟！他似乎觉得它从一开始就猜到了他的意图，对他的所有举动都有准备；这时它好像是对他在精神上无声地说："你聪明的脑袋里再也没有逮到我的计划了吧，是不是完全放弃了呢？"

是的，他已完全彻底放弃了。

鹅看到他再没有什么计划打算了，于是平静地张开翅膀，从雪堆上腾起，飞向远远一方的城市和大教堂，朝大雪覆盖的芒迪普方向而去。他站在那儿观望它，直到它在淡白的天空中慢慢消失。

THE DARTFORD WARBLER

达特福特莺

属莺科。约350种，俗称旧大陆莺，与鹟类和鸫类近缘。主要分布范围从欧洲、亚洲到澳大利亚和非洲，莺科种类羽色多不鲜艳。多为绿色、橄榄色、褐色、暗黄色或黑色。体型多小，长9～26厘米。喙细长，适应于捡食叶上的昆虫。巢形各异，从简单的杯形到有圆顶的结构，筑于树上、灌丛中、草丛中或地面的隐蔽处。本书中特指荆豆鹪鹩。

THE DARTFORD WARBLER

·第十二章

达特福特莺[1]

① 达特福特：肯特郡泰晤士河南岸一城市。达特福特莺为荆豆鶲鹩在达特福特郡的别名。

* 约翰·布罗斯《清新的田野》一书中最精彩的一章是一段记叙作者焦急而匆忙地寻觅一只歌唱的夜鹰的过程。这故事就发生在一年之内那只内心热情奔放的生物多少有点突然陷入沉默的时候。作者费了几天工夫在苏莱与汉普郡的乡村奔波，结果只听到一两回嘤鸣，一声啼啭，个别的一个短短的乐句——足以使这位热心的听者信服该地确实有一位胜过其他所有的同行的歌唱家，由于他迟了不多几天赶到现场，以至对它的表演失之交臂。

*

在过去七八年的时间里，我曾经把这一章读过好几遍而兴趣不减，对作者的沮丧怀着强烈的同情。因为这章是我一直追踪这种英国的小型鸣禽的阐释——它是一种罕见的，不喜欢出头露面的鸟儿，任何时候都难于发现，如同在六月最后一个星期去听夜鹰放声歌唱一样。在过去的岁月中，我只要有机会，一年四季就在英国南半部寻觅这种鸟儿，主要是在南部和西南部各郡。在密德兰，在德文郡，以前它在这些地方是十分知名的，可是这些地方的当局说，现在它已绝灭了，我未能发现它。过去我在四个郡中广泛分开的地区全能找到，尽管数量很少，我曾经希望这一物种就数量方面能从徘徊在这种低落的状态下恢复过来，作为英国某一地区的鸟类永远加以保留，现在我被迫无奈地放弃这一长久怀有的希望。

怀有这一希望确实是不怎么合理的，如果我们考虑到荆豆鶲鹟即达特福特莺，许多书中是这么叫它的，是一种脆弱的以昆虫为食，且必须在国内勇敢地面对严冬的小鸟；回溯到三十年前内它还相当普通，虽然不越出英格兰南部地区，向北远至约克郡边界，而就在这段时期它落到现今的地步，只剩下为数不多的若干对，极为远隔而分散的小群，生存在可能四或五六个郡的孤立的小块荆豆地。

毫无疑问，这一物种衰亡的原因，由于它爱吃荆豆的习惯，不能不生存在有限的地区，可直接原因归属于私人收藏者的贪婪，他们全都想采集标本——尽可能越多越好——既包括躯体也包括巢和卵。它规律的分布地区使得它被消灭相对较易。一八七三年古尔德[①]在他的巨著《英国鸟类》一书中写道："伦敦以南的全部公地，从黑荒地和温布尔登以至海岸从前都有这种小鸟栖息；但随着收藏者数量的增加，我恐怕已使它们在首都周围地区稀少；不过在苏莱和汉普郡的许

① 约翰·古尔德（Johu Gould，1804～1881），英国鸟类学家。代表作为《欧洲鸟类》（1832～1837）。

多地区，数量依然很多。”但“数量很多”未能长期保持。一个名叫史密瑟尔的在丘尔特的标本师，曾向古尔德显示此鸟并提供实物标本，此人正在法恩汉姆和哈塞尔密尔之间公开的荒地及生长荆豆的地区为这个行业以及私人收藏者采集达特福特莺和卵。古尔德在他的著作中以此作为例子，并补充说：“因为必须对大多数英国收藏者供应荆豆鹪鹩的卵，我相信史密瑟尔先生未来会更为有节制。”即使他不如此，他去世后，留给他这个可憎的行业的继承者的鸟儿就会几乎灭绝了。

三四年前我在密特福特公地跟一名荒原的樵夫交谈，他是个奇特而相貌凶恶的人，属于“半吉卜赛魔鬼的潘趣酒钵”式的人物，被巴林·古尔德[①]在《布洛姆乡绅》中曾着重地描写过。他告诉我大约三十五年前他童年时，荆豆鹪鹩在该地区那一部分的所有地方是普通常见的，直到史密瑟尔以一先令的价格出售一窝蛋，这促使本区所有村庄的男孩子都去搜索鸟窝。

于是他为他发现的鸟巢付出一个又一个先令，不多几年之内鸟儿变稀少了，他补充说很长一段时间他没见到一只。

在克拉克·肯尼迪的《伯克郡和白金汉郡的鸟类》中，我们得以瞥视到早期和较近伦敦地区收藏荆豆鹪鹩的商业活

---

① 巴林·古尔德（Baring Gould，1834～1924），英国小说家。“半吉卜赛魔鬼的潘趣酒钵”系他的小说《布洛姆乡绅》中的人物。

动的情况。一八六八年他写道：“这一物种在两个郡的唯一数量众多的地点是森宁山附近的一块公地，人们发现它每年夏天在这里育雏，附近有个人一年四季从这里搞到标本，以之供应伦敦的禽鸟标本师。”

在史密瑟尔工作的地区和环绕哥尔达敏周围的公地上，纽曼曾在他的《乡村书简》中说，他看到过“荆豆的顶梢有这些鸟儿非常活跃” 。命定热爱荆豆的这种小鸟在上述地区的荆豆枯竭后又去寻找别的它们偏爱的生息地，并且有一段时候大量繁殖。几年之内这种鸟实际已绝迹，六十和七十年代它们是常见的，如今则许多和我们共事的年轻鸟类学家从未看到它在野生状态下的丰姿了（无论如何在本地区是如此）。有些情况下甚至对鸟类有兴趣的人，他们当中有的是博物学家，也不知道他们贴近的周边发生了什么事，直到此鸟绝迹后才明白过来。我们遇到这类情况之一，确定是非常奇特的一个例子。

一八九九年夏天，在近南海岸的一个地方，苏莱郡的荆豆鹪鹩被灭绝后，此地仍然还有不少，但现在已没有了。在我搜集资料时，我曾访问一个小村里的八十岁牧师，他是该教区的当地人，他热爱自己的家乡胜过其他一切地方，如同怀特热爱塞尔本，在本乡当了六十多年的教士；不仅如此，我听说，他还是一位热心的博物学家，尽管不是收藏家，也不是作家，他熟悉这个教区的每种动植物。我认为他会比别人更能够给我提供本地权威的资料。

我们在他的书房内会见——他是个高大、英俊、白发苍苍的老人，但身体很弱；他起身用一根拐杖支撑着行走，领我到户外的地里，畅谈着大自然。但他的记忆力，犹如他的体力，正在衰退，其实似乎像一个人的残躯，虽然依旧保持着极高贵的神态。他所称的牧师住宅花园是一个没有人行小径的地方，他在这里的树木间随意散步，园中长满蔓革和野生植物；除玫瑰和大丽菊外，他还带着我观赏茴香、绣线菊、天仙子和倒提壶属花卉；在谈到这些花草的性质时他爱怜地拍了拍它们的茎叶。他喜爱这些胜过园丁培植的花卉，我也是；但我想听听本地区绝迹的鸟类情况，尤其是荆豆鷦鷯的，它比所有已消失的禽鸟都幸运而存活下来。

由于回忆起过去那些观察鸟儿的愉快的日子，他模糊的眼睛明亮了片刻；他带着我在树木间走到一个地方，从这里而望，一片开阔的乡间风光。他指点着更远处的一个大片葱翠的丘陵，有二英里远。他告诉我在丘陵的另一边有一大片荆豆地，如果静静地坐在那里半小时左右，我就可以看见一打荆豆鷦鷯。接着他补充说："一打，我不是说了吗？噢，上回我去那里见到不下于四十至五十只在灌木丛四处乱飞，假如你够有耐心可能见得到同样多的。"

我向他肯定地说，在他指出的地点绝对没有荆豆鷦鷯，在附近地区也不会有，我还冒昧补充说他准说的是好多好多年前见到的情形吧。“不，没有那么久，”他回答：“我听说这些鸟儿绝迹了，也许有四五年了。这令我既惊讶又伤心。不，那是更久以前的事情了。你说得对——我想自我最后一次去那个地方以来肯定至少十五个年头了。我不像以前那样强健，已经多年不能长时间散步了。”

对一个年近九十的人来说十五年也许看来只不过是一段短短的时间；不过英国珍奇美丽的鸟类因陈列柜而绝灭的历史事实上却是漫长的。十五年前蜂鹰是在英国繁殖的一个物种，无疑这已有几千年。当一只“英国杀害”的标本价格升值到二十五英镑，一只“英国产”的鸟卵升值到二十四英镑，那么这种鸟就迅速绝灭。大概全国任何一位鸟类学家也无法断定在国内每年繁殖的某些物种过去十五年内有没有被消灭。

以刚刚谈到的情况为例，那位年迈的牧师，对荆豆鹪鹩的绝迹悲伤难过，他回忆起观看它们在荆豆丛中嬉戏的情景。这给予他快乐，仿佛在他的心目中宛如幻觉而感染给我，我能理解他在心目中见到的情形，十五年压缩成短短的时刻。如同布罗斯对夜鹰一样，我也迟到现场不多几天；“该诅咒的收藏者”捷足先登，犹如其他物种在先前发生的许多情况一样。

我会晤高龄的牧师后，在离村不多几英里的一家小饭店里，非常不愉快地遇见一位对我感兴趣的人士。他是一个个子高大，面目可憎，穿一身油污的黑衣服——一个该避之唯恐不及的“人形动物”。但是我无意中听到他说起一些珍禽的情况，这使我装出友好的姿态参加讨论。他是肯特郡人，大部分时间是用来赶车来往各村落和农庄找买卖做，用现金购买他发现的任何便宜东西，从旧茶壶、印花布服装、铜天窗盖，到马、大车、猪，以至一屋子家具。他也买活的或剥制的珍禽，肯定跟那些郡内的许许多多诚实的看守人联手。我曾听说由大标本师派出的“旅行家”到英格兰某些地区所有大庄园去走动，但这个大恶棍则是出于自己的利益而以“职业旅行家”的面貌出现。我问他最近是否在达特福特莺方面搞过什么名堂，他立刻变得亲密无间，说他什么也没有干，但希望很快确实做点什么有好处的事。这种鸟，他说，据推测已在肯特郡绝灭，因此在该郡得到的标本可以卖高价。最近他只发现数量不多——两三对——在一个地点生存，他急于想结束手头的生意到那里去把它们弄到手。在回答进一步的问题时，他说这些鸟儿是在一个你不易用枪打中的地方，不过那没有关系；他有一个不用猎枪搞到它们的简单有效的办法，他有把握一只也逃不出他的掌心。

在我提到肯特郡市议会已经发布命令终年保护荆豆鹪鹩时，他从眼角睨视我，笑笑，但没说什么。他把这当作我开的玩笑。

毫无疑问我们富有的私人收藏家创造了一个有害的坏蛋阶级，此人即是这个阶级的成员。

对那些参观过博物馆或私人收藏品的玻璃罩下，标明为“达特福特莺”的展品——一只满身灰尘，干瘪变形的小鸟的人，也许听起来，我似乎把这种爱吃荆豆的小鸟形成的景观所给予我们的快乐说得过分了。他们从未见到它在自然状态下的姿态，多半永远也不会看到了。我考虑所有这些英国的鸟类，在它们最佳状态下看去，使我们对于“美”产生最大的愉悦时——包括我大胆地称之为“英国的极乐鸟”，在春天的集会中展露它们斑斓的羽毛的松鸦；绿黄色，长翼的林鷦鹩，是最轻盈秀丽的森林鸣禽；一飞而过时闪耀着海蓝石般蓝色的翠鸟；紧把着灰绿色摇曳生姿的芦苇，发出银铃般的鸣声，在上面纵身跳跃，优雅的浅黄褐色的黑须山雀；从你头上成群地飞过玫瑰色的狭小形体是瓶山雀；把银色的蓟草子冠毛播撒在空中，从你头上成群地飞过的伶俐活泼的红额金翅雀；以松果为食，那别致而又小小的北方杂色鹦鹉——交喙鸟；在飞翔中表现出优雅姿态的蓝鹡鸽；在它藏匿在密叶中的伴侣之上，迅速扑动翅膀，看上去垂悬着不动的金冠鷦鹩，外表上好像一只绿色的大天蛾，它张开平坦的冠毛，像是一个在它头上发光的火焰色的圆盘或盾——当我考虑所有这些鸟类以及别的一些时，我发现它们每一种的特殊魅力，程度都不超过荆豆鷦鹩——在它的最佳状态下被看到的。它是白喉林莺那一种类型，但更为完美；为人熟悉的褐色易兴奋的园莺，像它一样漂亮，四月间光临到我们的树篱间，在外表上不过是大致模仿体型更娇小，样子更精致，色彩更丰富的荆豆鹟鹩。由于它的数量格外稀少，如今它的最佳状态只能让那些用好多天工夫寻找而耐心地一动不动，一小时又一小时坐着守望的人看到；最终这个小小的藏身者觉得藏累了，或者为好奇心所压倒终于露面而且越来越挨近，直到红玉色的宝石一样的小眼睛不用费劲就能看见，一只体形纤瘦优美的精灵般的小鸟，在它的美丽的兴奋状态下，当它从枝头飞向枝头，它的动作优雅到难以想象；时而在空中一动不动地悬停着像求偶的戴菊鸟，然后便落在一根栖木上，坐着拉动长长的尾巴，抬起它的冠羽，鼓起它的喉咙，它歌唱时像呵责，呵责时像歌唱，像一只处在狂热中的精致而较小的水蒲苇莺，它的石板黑色和栗红色的羽毛，在一大片荆豆花的明亮的纯黄色背景上显得富丽而幽暗。那是令人难以很快忘记的仙境般花鸟结合的景象。我不认为任何一个热爱自然、热爱美的人，若能看到这样的情景，并把这种情景保留在心目中而不极端痛恨我们当中特别狂热地“收藏”这些小生灵的人，从而剥夺我们和我们的后代享有这种愉悦的机会。

在寻觅这种小珍禽或有关它的资料的过程中我有过很多奇异的经历，对此我已讲过一两则，这里我再讲一点——自信也是其中最为离奇的。我曾经跟自然史学会的会员外出徒步漫游，这个地点的名称不必宣布。我同一位会员走在其他人的前头，我的同伴A君是该郡一位最重要的鸟类学家，他的姓名在联合王国中所有的博物学家里无不知晓并备受尊敬。在交谈中他说达特福特莺在本郡不幸已经绝灭。碰巧这天就在我们的后面有另一位当地的博物学家，他在外郡也非常知名——让我称他为B君。等我跟我的同伴分开后，这位先生走到我身边，说他无意中听到我们谈话的某些内容，他希望我得知A君所说的达特福特莺在本郡已绝灭的话是错误的。离我们当时所在十到十一英里的一个地点有三四对一小群还能找到；他将乐于带引我到那里指给我看一看。这一小批残余鸟儿的存在只有半打人士知晓为时几年而已，他们小心地保守着这个秘密，唯恐别人知道。使他们十分遗憾的是，他们不得不对他们最好的朋友和学会的主要支持者A先生也如此，仅仅因为他也可能会泄露出去信息。虽然他对本地的鸟类是满腔热情的，对本郡物种的数量引为自豪，等等，但他迟早会不慎谈到达特福特莺，富有的当地收藏者听到这个消息后，必然会把鸟类收集到他们的陈列柜里去。

我的知情者继续说道，最使人生气的是当地四五名士绅，他们也是热心的收藏者。本郡当局曾得到严格的指令，要终年保护郡内的珍稀物种。此外一些私人也做了大量工作形成有利于保护鸟类的公众舆论，在受过教育的阶级中间现今有一种强烈的看法，反对私人收藏者毁灭一切最值得保护的当地野生鸟类。但迄今尚未对主要的违禁者产生最微小的作用。他们捕猎珍禽，包括留鸟和飞来的候鸟，大方地对一切标本付以报酬。鸟类标本师，守林人——他们自己的和邻人的——捕猎野禽者，一切把目光敏锐地对准珍禽的人，他们都给钱，所以捕杀的活动继续畅通无阻。最坏是那些罪行的始作俑者，他们本身不仅仅是违法者，同时付钱给别的不法之徒，法律治不了他们，因为他们在本郡拥有的地位，既没有人检举也没有人公开谴责他们。

这一切对我都是老生常谈了；我之所以详尽地记下来只不过因为他是对整个乡村正发生的事情的准确陈述。在联合王国里，没有一个郡你听不到社会上的头面人物成为鸟和鸟蛋的收藏者和违法者，不论间接还是直接，这已成为他们日常的生活。他们收集每只送上门来的珍稀候鸟并会付以报酬，也需求本地较稀有的留鸟，目的是跟其他郡的其他私人收藏者交换。用这种办法我们最好的物种正逐渐被消灭殆尽。在过去几年之内我们已看到流苏鹬、白头鹞、蜂鹰不复存在（作为繁衍的物种）；濒于绝灭边缘的物种，倘若其中还有幸存者，例如海雕、鹗鸢、白尾鹞、乌灰鹞、欧鸻、肯特鸻、小嘴鸻、赤颈瓣蹼鹬、粉红燕鸥、文须雀、灰雁和大贼鸥，将很快步上述几种和其他此前已一去不返者的后尘。它们之后又轮到红嘴山鸦、燕隼、大黑背鸥、荆豆鵖鹩、羽冠山雀，以及其他。随着事物的发展这些物种作为在本土繁殖的留鸟，将从不列颠群岛永远消失。同时，其他相对稀少的物种，虽然在分布上本土不多，在全国的某些地区每年正受到威胁；对英国南部的爱鸟者来说，获悉从前给南部的景观增添生气和兴趣，但最近遭到灭亡的许多物种，依然可以在苏格兰较荒凉的地区和威尔士北部的某些森林中遇到，这对他们不失为一种安慰。最后在每年数量可观的候鸟当中，过去（有些是最近）在某些岛屿育雏的物种，假如不在到达时立即遭杀害，那大概会继续留下来育雏——有麻鸦、小麻鸦、夜鹭、琵鹭、鹳、反嘴鹬、黑燕鸥、戴胜、黄鹂，以及其他许多较不知名的禽鸟。

情况就是如此，而且不妙，几近无望，谁也不会否认。但我相信可能找到补救的办法。

“美的事物的毁灭”，对此罗斯金曾绝望地写道：“近来，以彻底黑暗的灾难和丧失这块土地上的全部美和光辉而告终。”这一毁灭已经降临并且继续持续着，最沉重地落在我们国家最美丽的鸟类身上。但这种毁灭不是无人注意，无人惋惜的，而是存在着强烈的影响广大的公众感情，赞同保护我们的野生鸟类。最近在很多方面，尤其是前几年就这个问题未有反对意见的立法，以及政府和国会最近表示要考虑一项新法案的意愿上表现出来。毫无疑问这种感情会发展到甚至使自私的庸人们也会觉得太强烈的时候，他们对大自然中所有优美光辉的东西都视而不见，只把一只美丽的珍禽看作一件可以收藏的物品，而看不见它身上的任何美质。那些在未来将继承现在产生的无数无用的收藏品的人，说不定会赶紧扔掉这种不幸的遗产，把它们送给当地的博物馆，或在急于想人们忘掉他们的姓氏已成为这项可憎的商业活动的一部分时立刻摧毁它们。这项买卖把这些奇妙而美丽的生命从这块土地上夺走——未来的几代人原本会把它们当成宝贵而神圣的财产加以珍惜的。

但我们担负不起等待的损失了，我们在物种数量方面已经变得太“贫困”了，每年正在进一步消亡；我们现在就需要补救的办法。

截至目前有人提出两条建议：一是对现存的法律做出修改，允许对违法者重罚。所有熟悉收藏者和他们的手段的人会立即一致反应，加重罚款并不能解决问题。这样修改的唯一作用将使收藏者和受他们雇用的人更为小心，而现在他们还没有发现有此必要；另一条建议含糊地提出建立一个类似私人调查性质的机构以便发现违法者，把他们的行为在广为流行的报刊上曝光，这是一种可以制裁这些人的办法。但这个建议可以被看作毫无价值而加以抛弃。一百桩违法事件中没有一桩被这种方法发现，那些最大的犯罪者，他们经常是最聪明的人，肯定会逍遥法外。

也许我原本该说提出了三项建议，因为还有一条是由理查德·基尔顿君在他最近的一部著作中提出来的。他非常坚信，告诉我们，郡议会的法令对觊觎任何一种珍禽的收藏者来说是完全不起作用的。在这一点上我们全体意见一致；他接着说："我们应选择一打物种，经一个由实事求是的鸟类学家组成的委员会认同它们是濒危的，在整个育雏季节期间，在繁殖地日夜设置监守人对它们提供保护。"

由个人和团体雇用这些监守人并给他们发工资的办法已实行多年，无疑这是保护形成群体育雏的所有物种的最佳举措。这些物种大多是海鸟——鸥、燕鸥、鸬鹚、海鸠、刀嘴海雀等。我们的珍稀鸟类分布在全国，有些情况下，如果一个物种有一百对存在于不列颠群岛，那么就不得不雇用一百至两百名监守人。可是熟悉收藏界内情况的人谁不知道正是那些得到守护的鸟会首先无影无踪呢？我见到过这样的事情——成对在私人地界上育雏的珍禽，饲养者有监守它们的严格命令，不允许陌生人随意进入，可是不多久它们都神秘失踪了。"监守人"在暴露的海岸或岛屿上十分起作用，同时他的行为也受到注意，然而他负责的鸟儿数量众多，这使他能够干点有利的小偷小摸的勾当依然保持诚实的面目。我曾访问过大部分得到监守的岛群，因而知道这种情况。监守人守护鸟巢，每周都能得到我要的任何一种鸟卵。

几乎不用在这里说，修改法律建议使它能保护一切物种，就它涉及所有收藏者这方面而言，情况依然如故。

走出这一困境实在只有一个办法——治疗不顾惩罚与舆论而滋生的这种罪恶的良药——具体说，就是英国禁止私人收藏鸟类的法律。如果不让自一八六八年以来，在国会内外可保护我们野生鸟类所做的一切工作大量浪费的话——不仅是保护普通的，数量较丰富的物种，它们没有受到收藏者的注意，而是所有的物种——这样一项法律迟早必须制订。它不会被任何私人收藏者全盘接受，不管他是否硬抱着旧的妄想，说什么他应该拥有充斥“英国人杀害”的鸟类标本的陈列柜是为了科学的利益——无可否认由于收藏造成的我们的野生鸟类资源的枯竭，其数量是日益扩大的，根据先前的鸟类保护法案思路而制订的新立法，绝对不能制止或减少这一后果。三十年前通过第一个法案，禁止在育雏季节杀害海鸟时，为收藏者高价收购的那些鸟类的枯竭远没有现在严重；不仅因为六十年代如果有一个收藏者，现在则有一打甚至更多，并且因为收藏活动得到发展而达到极端完善的地步。所有可以搜求到珍稀留鸟物种的地点已为人尽知，而全国的收藏者互相联系，有一套交换的体制，它无懈可击，完全可以置那些鸟于死地。此外还有金钱的因素；收藏珍禽不仅是中产人士和普通富裕人家的癖好，而且像赛马、赛艇和其他花钱的运动一样，现今吸引了非常有钱的富人，甚至成为百万富翁的一种消遣。这一切都是众所周知的事实，清楚地表明现如今如果缺乏我刚才建议的法律，是不可能挽救我们最珍视的野生鸟类的。

收藏者无疑会大叫大嚷，说什么这样一条法律将是万分不公正的，是对这种活动的自由的不正当干预；收藏鸟类及鸟卵实际上是跟收藏旧版画、危地马拉的邮票、集锦唱片和小诗人的初版诗集一样无害；强迫他们丢舍他们千辛万苦，花费数以千万计的英镑所收集起来的宝藏，放弃他们乐在其中的追求，将比没收财产和彻头彻尾的暴政更坏。私人收藏者不能严格地被认为是不法之徒和害群之马，因为他们是在成百上千有地位的乡绅，有专业的人士（包括教士）、贵族、地方行政官员、治安法官、杰出的博物学家的人数之中——都是很有名望的人。

对最后这个非常敏感的情况加上一句话吧：在收藏这个问题上，有声望的人是否在某些地方划一条界线，从而坚定地拒绝想长期拥有不列颠珍禽的标本来丰富他的陈列柜呢？——一个“肉体形式”的标本，不仅是“英国杀害”而且是在本郡获得的；不是不负责任地杀害的，也不是某个偷猎的流氓偷来的，而是被一个无辜的助理管理员当作别的什么东西而误杀的，这个年轻人由于害怕受到呵责，秘密地送给一个远地的朋友去处理掉。不幸杀害珍禽的故事，在不得不对人讲述的时候，这个听者即使在他的爱好方面道德水平很高，情况也各异。我的经验是只要收藏者是一个有资产的人，你便会发现这个人周围有他们的“寄生虫”，这些人知道如何对付他们的牺牲品的买主，靠他们的热衷混饭吃。

最近几年在我漫游乡村期间，我绝不忽视跟一些地主和大量的佃户就这个问题的讨论机会，所有跟我谈话的人一致同意，地主一般——不说十个里面有九个，而是一百个里面有九十九个——愿意高兴地接受一项禁止私人收藏英国鸟类的法律，只有一个人例外。这个持异议者是一个大庄园的主人，在痛斥到自己庄园盗鸟的恶棍时，所有的人都态度一致，但他的言辞最激烈。假如制订一项法律可以结束这样的行为，他说他将非常高兴；但他对禁止他人到他自己的产业上盗鸟划了一条界线。“不，不！”他的结论是，“那会干涉这位国民的自由。”原来他本人就是一个收藏者，并且非常以他的收藏品内的珍禽自豪！若我原先知道这一点我本来不会自动去跟他讨论这个问题的。

那么现在我们存在一个急待立法的情况。但我现有的收入还不能实现我的意愿，跟数量更多的大地主讨论，以及往后就这个问题把这一情况向乡村的所有地主和打猎的佃户逐一陈述，这是尚待去做的问题。同时，对于大量愿意保护我们的鸟类而不是消灭它们的人士，本章将起着引起他们注意的作用，而消灭这些飞鸟只不过是为了某些人的个人利益。

根据建议的思路而设想的法律迟早会制订出来，这是我的信念。

美消失了而且一去不返。①

---

① 引自诗人S·柯尔立奇的诗句。

PARROT

鹦鹉

鹦鹉共约300种，约75～80个属，许多种类又有其类群的俗名，如美洲鹦鹉、情侣鹦鹉、金刚鹦鹉、长尾鹦鹉等。在鹦形目所有种类中，非洲的灰鹦鹉最善于模仿。雄鸟极善模仿人言；机敏，是较为温顺的鹦鹉；体长约33厘米。体羽淡灰色，方形的尾红色，白色的脸无毛，两性相似；常见于雨林中；吃果实和种子，会损坏庄稼；有的个体寿命为80年。

PARROT

Vert—Vert:

or Parrot Gossip

· 第十三章

闲话鹦鹉

Birds and Man

* 我不赞赏养宠物鹦鹉。有一回到挺不错的人家家里拜访，发现主人家的成员包括一只鹦鹉，这种经历对我而言，对其他许多人而言，并不令人鼓舞。一般来说它还是最重要的成员。如果我迫不得已加入赞赏人的圈子，参观或者聆听它那叫人厌烦的表演，那也不过是口头上赞美罢了；我眼睛看着，其实另有所思，我的眼前出现一片翠绿的森林的幻景，耳边回响着林中一群野生鹦鹉那奔放欢乐的嘤鸣。我这是有目的地去做的，在精神上我听到的鸣声与幻象中它们在炫目的阳光下羽毛色彩缤纷的景象，对它的主人的愚行是一种补救办法，使我不致讨厌在我眼前的那只鸟。它最适合的地方，也就是说不在室内的锡笼里时，它比大多数鸟都值得赞赏。我愿意我认为是在它生活于野生状态下的地方；我可能会面对一群鹦鹉，我的在场使它们愤怒，它们在我头上盘旋翱翔，用狂怒的尖叫使我的耳朵听不到别的声音。可是我无法去那些美丽的远方——我只能满足于幻影和回忆中看到听到的事物，有时也偶尔想到某个智者养的一只鸟或一群鸟；我也偶然去参观过摄政王公园的鹦鹉馆。那里数不清的不协和的鸣声，既刺耳又粗哑，这种喧闹达到最高潮的时候，合成了一个声音，而且是一个大得不得了的声音，神经衰弱的人，把耳朵塞住逃离这样一个难以忍受的乱哄哄的地方，是万分庆幸的。

*

在近年来我所见到最有趣的笼养的鹦鹉当中，在这里我只谈两种。首先是一只圣文森特鹦鹉（拉丁文名*Chrysotis Guildingsi*），是由汤普逊爵士夫人（当时该岛行政长官汤普逊爵士的妻子）连同其他七种鹦鹉一同带回国内的，这种来自美洲的鹦鹉共达四十多个物种。它是一种漂亮的鸟，羽毛绿色，头部蓝色，尾巴黄色。它取得这个有意思的特殊名称是表达对一位教士的敬意，这位教士不热心收藏人的灵魂却一心采集鸟类皮毛。对鸟类学家来说，这种鹦鹉引起人们兴趣是由于它的稀有。过去三十年来它只有少量生存；由于它的生息地只限于圣文森特岛[①]，恐怕它的绝灭也为期不远。世界上总共有五百种左右的鹦鹉，或者约等于欧洲鸟类物种数的总和，从大鸨、疣鼻天鹅、直至小小的瓶雀——它的细小的身体，若剥掉羽毛，可以放在女士们的装饰顶针内。在这些种类众多的鹦鹉当中，圣文森特鹦鹉，假如它依然存在，大概是最稀有的。

我谈到的这种鹦鹉，跟它的七个旅伴，在十二月到达英国，几天后它们的女主人亲眼目睹一桩奇怪的事情。在一个寒冷的灰蒙蒙的早晨，它们正在伦敦一间温室内一扇大窗前的栖木上享福，这时突然一齐发出了一声惊惶恐惧的嘶哑叫声——这到底是什么猛禽出现在天空？汤普逊夫人抬头一

① 圣文森特岛为南美小安的列斯群岛中的一个小岛，这种鹦鹉以产于该地而得名。

望，她看见一片片的雪花开始飘落。

这是鹦鹉对下雪这种现象的头一回体验，但它们曾经看过并且接受过非常近似雪花但可怕的东西从天而降的教训——也就是羽毛飞扬。这种害怕心理在受鹰侵害的鸟类中是普遍存在的。在多数情况下，这些表现出恐惧，躲避起来，或紧靠在一起坐着的鸟儿，实际上从来不曾看见过那有翼的雷霆——游隼，袭击野鸭或野鸽，把羽毛撕裂成一小朵浮云的情景；也没有见到过一只鹞或雀鹰把捕捉到的一只小鸟的羽毛拔出来撒向四面八方，但在它们当中存在着传统的心理因素，飞扬的羽毛意味着性命的危险。

当我还是少不更事的年纪时，和我一起玩耍的伙伴都是大草原马背上的高卓少年，他们告诉我如何用他们简单的办法逮鹧鸪，拿一根二十至二十五英尺长的细枝，用鸵鸟翅膀羽毛柔韧纤细的羽轴打一个活结去套。这种鸟儿看起来像鹧鸪，其实不是，不过是平原上普通的有斑点的鹑，像鹧鸪一样是餐桌上的美味。我们的办法是，在惊起一只鹑时，跟随它一跃而起的快速的直线飞翔，看准它降落地面时躲进草中失踪的地点，然后绕到这个地方，仔细检查，直到发现它，尽管它有保护色，通常它紧挨着枯死凋零的春草和牧草待着。然后我们伸出套杆，圈子愈来愈窄，直到头上的小活结恰好能套住它的脑袋，这样一来等它向空中蹦起，刚好碰到杆头套住而被勒死。要让鸟儿坐着一动不动，直等活结确实套在它头上。我们玩弄种种花招，普通的一种是在瞥见隐蔽起来坐着不动的鸟儿时，你开始抛下一只原先杀死挂在腰带上的鸟儿的羽毛，随风撒向空中。有时为了避免撒羽毛的麻烦，我们会带着一双黑兀鹰放它们去侦察逃走的那只䴈，或者扔一点什么东西让鹰跟着我们。两种办法效果是一样的，飞扬的羽毛像盘旋搜索的鹰，同样起威吓作用，使䴈坐着不敢动一动。

用这种办法逮䴈似乎与绅士精神不符合。这么说吧，如果我再度是一个荒野上的少年——我是指怀有现在我对鸟类的感情——我就不会这么做了。我也不会开枪射击它们，因为我认为枪是人类灵巧的头脑所设计的毁灭鸟类最致命的工具，在枪口下它们自我保护的本能——飞翔的能力，灵性都没有用。那比马背上少年带鸵鸟羽毛活结的套杆效力高一百倍，因此就更加谈不上绅士精神。回到正题，飘落的雪花跟飞扬的羽毛相似并不能欺骗习惯雪景的鸟类。大部分欧洲人都听过有个老妇人在天空拔她的鹅毛的传说，这个故事非常引人注意，流传甚广，在希罗多德[①]的《历史》中都讨论过。该书的第四卷中他写道：“锡西尼人[②]说这些位于他们疆域极北部分的土地，由于鹅毛从四面八方不断飘落，既看不见也

---

① 希罗多德（Herodotus，前484?～430或420），希腊著名历史学家。代表作为《历史》。

② 锡西尼，一译塞西亚，是古欧洲以黑海北岸为中心的地区。

不实用，大地完全遭到覆盖，天空充满羽毛，视线整个受到阻挡。”他进一步说：“至于羽毛……我的意见是在那些地区，终年不断地下着雪，虽然数量在夏季多半比冬季要少一些，凡看到大雪飘落的人很容易理解我说的情况，因为雪跟羽毛是不一样的。”

大概锡西尼人只有一个词既用来表示鹅毛也表示雪。让我们回到圣文森特鹦鹉这个话题上来。关于我听说过的该物种的那只鸟的故事，不能不相信那是引人注意的。上个世纪初，一位有身份的先生离开英国去该岛照看那里的地产，那是先人遗留给他的。到达那里之后他去看望在该岛内一位拥有植物园的朋友。他到达时朋友并不在家，一个仆人把他领进一间光线不好，阴凉的大房间；由于长时间在骄阳下骑马，他身体倦乏，很快就在椅上睡着了。不久一声巨响使他惊醒，他从某种擦洗的声音发觉似有两个黑人妇女正在他近旁放下的百叶窗另一面刷洗什么东西，同时正为着她们的任务而争吵。自然，这两个无聊的女人不知他在屋内，但他是一个心思敏锐的人，不得不倾听她们滔滔不绝地互相吐出粗俗不堪的语言，这对他简直是一种非人折磨，这时朋友回来了，热烈握手表示欢迎，问他对这个地方感觉如何。他回答这地方挺美，但他纳闷他的朋友怎么能容忍这两个女人和她们的舌头如此挨近他的窗户。“女人和她们的舌头！这是什么意思？”主人不禁惊呼。他说他是指窗外那两个讨厌的黑人洗衣妇。主人于是拉开百叶窗，两个人都朝外望去；那里没有任何人除了一只圣文森特鹦鹉，此刻它在阴凉的阳台的栖木上打瞌睡。“呵，我明白了，那只鹦鹉！”朋友说。他道歉并解释有几个黑人奴仆利用这只鸟儿不寻常的学习能力，教了它许多不得体的东西。

另一只比圣文森特鸟更使我感兴趣的是一种为数众多的拉瓦兰特鹦鹉，这种鹦鹉产于中南美，正面有两色，体型较大的鹦鹉，羽毛为绿色，脸部与头的前部为纯黄色，翅膀与尾巴稍呈红色。我是在南威尔特郡白垩丘陵区一家叫兰姆的小饭店里见到的。你可以明显看出那是一只年龄相当大的老鸟。从它零乱不整的羽毛判断它早就进入不稳定或不完全的换羽时期——鸟类一生“枯萎的黄叶”期。它还拥有年龄大的人和鸟的那种病态的哆嗦。不过它的眼睛依然明亮如磨光的黄宝石，充满了几乎不是寻常的鹦鹉的智力。它的声音嘹亮而欢畅；它对女主人的称呼“母亲，母亲！”响彻这栋格局散漫的老房子。它的话语和笑声都热情洋溢，抑扬顿挫而有力的音调，像任何灰鹦鹉的一样，圆润、丰满、有节奏感。不过，若我没有听说它的历史，这一切都不会对我有很大的吸引力，这是由它的女主人——小饭馆的女老板介绍的，她饲养它已达五十年了，故事如下：

她丈夫的父亲，兰姆饭店的主人有一个爱子远去海外，已经有十四年杳无音信。一天他出现在父母面前，带着作为一名水手通常会拥有的一笔财产，那是他从遥远的蛮荒之地得到的，一只笼养的鹦鹉！他把它留给父母，要他们十分细心地加以照顾，因为它确实是一只十分奇妙的鸟，他们会很快知道他们是不是能懂它的语言。接着他准备再度出发，这回答应他的母亲写信回来，离家不超过五年，最多十年。

他的父亲，却一心想留住他，成功地安排他跟一个他父亲认识的姑娘见了一次面。老父亲认为她会成为儿子在世界上最好的妻子。年轻的浪子对姑娘一见钟情，由于他的感情得到回报，他们不久便举行了婚礼，他把他全部世俗的财产都赠给妻子，也就是那只鹦鹉和笼子。最后他继承了父亲成为兰姆饭店的主人，直到多年前去世。当我认识成为寡妇的老板娘时她已头发灰白，像她的鹦鹉一样苍老；但在精神上她却和鹦鹉一样年轻，眼睛也一样明亮有神。

她当水手的丈夫是年轻时在墨西哥的维拉克鲁兹偶然买到这只鸟的。他在市场看见一个姑娘，肩膀上站着一只鹦鹉。她跟这只鸟交谈，并唱歌给它听，鹦鹉跟她交谈，吹着口哨，也对她唱歌回应——唱的是西班牙语歌词片断。这是一只奇异的鸟，他入迷了，把它买下来，带着它一路回到英国的威尔特郡。卖鸟的姑娘告诉他，鹦鹉才五岁。由于已经过去五十年了，推断它已有五十五岁了。在它的威尔特郡家里它继续用西班牙语说话唱歌，它最喜爱的两支歌使人人都喜笑颜开，虽然无人懂得歌词的意思。过了没多久它开始学习英语词条和句子，一年一年减少说西班牙语，约十年至十二年后把西班牙语完全忘了。它的记忆力不如亨博尔特[①]从马普尔人[②]那里得到的著名的鹦鹉，马普尔人在被加勒比人[③]消灭前是属于阿普尔人[④]部落的。他们的语言也随之消灭。只有这只长寿的鹦鹉继续说这种语言。这只鹦鹉的故事引起公众的注意，在数以百计的书籍中加以重述，成为许多国家诗歌的题材——其中一首是我们英国的诗人，《希望的乐趣》的作者康贝尔[⑤]写作的。

然而我以为跟兰姆饭店的老波莉说一点西班牙语还是值得一试的，我并且认可最好以交朋友开始，拿吃的东西给它并没什么用。波莉是一只相当不屑于糖果蜜饯或华而不实的菜肴的鸟，这家老店半世纪的习惯是让波莉吃它喜爱吃的东西，也在它想吃的时候给它吃。它——在性情上实际是一个“他”——喜欢社交，偏爱跟一家人一起进餐，并且吃同样的食物。吃早餐时它会来到餐桌前，分享熏咸肉和煎鸡蛋，以及吐司、黄油、火腿、蛋黄酱，正餐通常是一节带肉的骨头加两种蔬菜，然后是布丁或苹果馅饼，再后是干酪。在两

---

① 亚力山大·亨博尔特（Alexander Humboldt，1769～1859），德国旅行家与自然地理学家。著有《1799～1804新大陆亚热带区域旅行记》。

② 为中南美洲印第安人部族。

③ 为中南美洲印第安人部族。

④ 为中南美洲印第安人部族。

⑤ 托马斯·康贝尔（Thomas Campbell，1777～1844），苏格兰诗人。

餐之间会吃鸟类吃的谷粒，但它偏爱吃多肉的羊骨头。它用一只手也就是脚拿着，吃得津津有味。难怪我把食物递给它时，它以为是侮辱，我改变办法，自动去摸摸它的头，它就完全没有脾气了。我继续得寸进尺，这一来它变得危险了，得以用它的大嘴夹了我几下，把我的手指夹出了血。

只有到我用尽了最好的讨好的手段，我们的关系陷入最不妙的时候，我才开始用西班牙语，模仿一个“土生土长”的姑娘的亲切悦耳的假声音跟它说话，不是叫它“波莉”而是“洛丽托”，连带着南美大陆妇女普遍用于称呼她们的绿色宠物的所有表示钟爱的别称，顿时波莉注意起来。它听了又听，走下栖木靠近一些以便听得更清，一只眼睛盯着我瞧，闪亮如同辉煌的宝石。但不论英语或西班牙语，它什么也没说，只不过时不时从嗓眼里发出低而细的口齿不清的声音。两三天之后，它显而易见无力回忆起旧的知识，但我觉得属于它逝去的时代的某些模糊的记忆又复活了，似乎也是明显的——它意识到它有一个过去，并且尝试去回想它。总之，这一试验的结果是它的敌意消失了，我们立即成了朋友。它愿意走下栖木跟我接近，到我手上，爬上肩膀，让我跟它一道四处散步。

九个月后我收到它的女主人的一封来信，来信告知波莉在一九〇九年十二月二日亡故这让我十分悲伤。

我想过，它的主人买它的时候它不是五岁，很可能是二十五岁，甚至更大。自然，被差遣到市场卖这只鸟的姑娘会告诉可能的买主，它还很年轻，人们想买的鹦鹉通常都是被说成五岁。虽然，由于特殊的饮食，这只鸟显得比它的实际年龄要老。鹦鹉也许有一个适应性的胃，人多半会认为喂养了半个世纪的煎蛋、熏咸肉、烤猪肉、牛肉烧胡萝卜、排骨和葱头、焖兔肉对它的消化系统是个相当沉重的负担。

许多鹦鹉在囚禁中比波莉长寿，虽然它已经活得很长了；波莉独特的物种名称为拉瓦兰特鹦鹉，以此称这种正面双色绿鹦鹉是对法国鸟类学家拉瓦兰特表示敬意，这一个别情况给我深刻的印象，他本人曾记录过一只囚养的鹦鹉达到过已知最长的寿命。这种鸟是一只为人熟悉的非洲灰鹦鹉。他说它在六十高龄时开始失去记忆，六十五岁时不定期换羽，九十岁双眼失明，九十三岁去世。

我们完全可以相信，假如鹦鹉在人为的环境下，也就是说，它们被看管、关在笼子里或用铁链锁在屋子里，饮食过量，无须使用它们那肌肉十分发达的翅膀，而经常锻炼是对全面的健康和富有活力是必要的。这样它们都能有办法活五十年至一百年，那么在天然的状态下，准能活一倍长。

让我们回过头再来谈谈鹦鹉。这一种鸟可能比整个的其他鸟类有更多使我们感兴趣的地方，它的长寿，独具的体态，艳丽的羽毛，十分好的人缘，比别的大部分鸟类更加聪明。最后，它的模仿人言的能力，比其他科的鸟更为完善。

最后一点，大部分人觉得那是鹦鹉最大的与别的鸟不同的特点；我觉得，那是最小的。我没有看出作为模仿能力，跟某些善于模仿的鸟类比较有什么了不起，甚至跟我们可爱的沼泽莺相比，我在另一本书里也曾如此描写过。这也许因为我运气不佳，从未见过一只，我们知道在鹦鹉说话的能力方面存在非常不同的差异——甚至在同一种类之内，差异之大犹如我们发现狗与狗之间的推理能力，以及同种的鸟之间的歌唱能力。不止一次，而是在好些场合我听到一只普通的鸟儿的歌鸣，它使我目瞪口呆。我在另一本书里描写过我遇到的一只天才的乌鸦。一家乡村饭店里的一只笼养的金丝雀，它奇妙的歌声吸引住一位具有显赫地位的大人物——彼得博罗公爵，想从它的女主人那里挖走，老妇人爱这只鸟，不愿卖给他，于是他采用卑劣的欺骗手段以达到目的。遭到拒绝后，他先仔细地把鸟儿察看了一遍，然后径直走了。等到时机成熟，他带着另一只金丝雀藏在身上重来，跟他想要的那只大小、颜色、标志一模一样。他点了正餐的菜，在老妇人离开餐厅去准备时，他把两只鸟掉了个儿，接下来吃完饭后，欢欢喜喜地上路去了。可是他的好奇心还想了解他玩弄后的结果，她有没有看出来她心爱的鸟儿身上的不同；所以间隔一段长时间后，他又一次走访这家饭店，看见这只鸟还在老地方的笼子里，于是开始称赞他曾经听到过它的美妙的歌声，而且记得非常清楚。她悲伤地回答自从他听后想买它，接着就发生了莫明其妙的变化，它沉默了一段时候，也许是病了，但重新开始唱的时候，声音变了，人人都赞赏的音调全没有了。这位大人物表示了他的遗憾，走的时候暗笑他精心设计的这套有意思的把戏。

鹦鹉在一般场合下说话，我觉得，跟一般的金丝雀没有什么不同，无非是尖声发出单调空洞的音符；它并非一个奇才，知道这一点我感到满意。但另一方面有数不清的事例证明鹦鹉确实有令人吃惊的能力，毫无疑问，这类天才的鸟儿的模仿能力启发了日本藤田久叶美的这类小说，以及欧洲法国格列塞特的鹦鹉“绿绿”和修道院修女的生动逼真的故事。

大概是这类稀有的鹦鹉之一在南美早期的历史上曾起过如此重要的作用，那完全是瓜那尼[1]民族的一个传说，他们居住在现今的巴拉圭，不过我认为这是这个民族或国家早期历史的重要事件的真实记载。这只鹦鹉不是藤田那类虚构的众所周知不可能存在的鸟，因为它不仅模仿我们的言语，并且知道吐出的字句的意义，而瓜那尼人的鹦鹉不过模仿而已，但格外聪明，这个故事的教训是我们熟悉的——一旦人的欲望被煽动起来，大难可以起于细因。

这个传说是几个世纪前有人对巴拉圭的耶稣教会神父讲

① 南美印第安人的一支。

的。我简约地把原来的故事写在这里。

故事的开始是说有一只大独木舟从东面渡过大海而来，在巴西的海岸上搁浅。从独木舟上下来两兄弟图比与瓜那尼和他们的妻子儿女、媳妇、女婿以及他们的孩子、孩子的孩子。

图比是一大家人的领袖，因为年龄最大被称为家长，图比对他的弟弟瓜那尼说："看呐，这一大片有河流、森林的土地，生长很多的鱼、飞鸟、走兽和水果，都是我们的，因为没有其他的人居住；但我们地广人稀，因此让我们继续跟我们的子孙同住在一个村落里吧。"

瓜那尼同意了，有好多年他们一起生活在和平友爱中如一家人，直到一场纠纷把他们分开，那完全是由于一只像人一样能说能笑能唱的鹦鹉的缘故。一个女人首先在森林发现它，但她不愿收留饲养它就送给了另一个女人。它从新女主人那里学会了讲话，这使得人人都赞赏不已，成为全村的谈资。

发现它并带回家的那个女人看到它多么受人赞赏并且被人谈论，于是挺身而出称这只鹦鹉是她的。另一个女人拒绝把它交出来，说她既然饲养了它，它的一切知识是她教的，这样一来她就成为它的合法的主人。

这时没有人能判断哪个女人有理，这场纠纷没有结论，而她们的口舌官司继续打下去，直到两个女人的丈夫也参加进来，接着她们的亲兄弟姐妹，堂、表兄弟姐妹通通被卷进去，整个村子充满怨恨和争吵，全因为这只鹦鹉，同一血统的男人头一回拿起武器互相攻击。在公开的武斗中有的受伤，有的被打死，有人在森林打猎遭到谋杀。

当事态发展到这个关头，家长图比把弟弟叫来，对他说："噢，瓜那尼兄弟，对我们来说这是一段悲惨的日子，原来我们是想在这个我们已生活这么久的地方跟孩子们一起度过余年，如今由于对一只鹦鹉的莫大的争端所造成的流血，这已不再可能了；只有分开才能挽救我们两家免于互相毁灭。既然这样，好吧，让我们把两家分开，带领他们朝相反的方向远走高飞，才可以在安顿下来后离得远远的。"瓜那尼同意了，又说图比是他们俩当中年纪较大的，又是他们一家之主，因此才被称为家长，他留下来，拥有这个村子和这片土地，在这里终老，这是他的权利。至于他自己，愿意把他的子孙召集起来，带领他们到一块遥远的地方去，让这两个家庭永远不再相见和相闻，这样他们之间就不再会有恶言和纷争了。

于是这两位老兄弟互相告辞而且是永别，瓜那尼带领他的子孙向南走，走得远远，路上走了不少岁月，直到他们到达巴拉圭河，在那里安居下来；直到今天他的后代依旧住在那里，并且以他的名字称呼自己的部族。

不过，我要补充的是，他们不是像西班牙殖民者粗心大意拼写的那个词一样，称自己的民族为瓜那尼，天知道我们是怎么发音的！他们，瓜那尼人称自己为“瓦—拉—纳—埃”，声音像音乐一样好听。他们也是这样来称他们的那条河流，我们拼写为巴拉圭，发音则不知道什么缘故是“巴—拉—瓦—埃”。

PICUS VIRIDIS

绿啄木鸟

多数啄木鸟终生都在树林中度过，在树干上螺旋式地攀缘搜寻昆虫。以昆虫为食，但有些种类食果实。吸汁啄木鸟一般在一定季节内食某些树的汁液。春天，占据各自领域的雄啄木鸟大声鸣叫，加以常常啄击空树，偶尔敲击金属，从而增加了声响，但在其他季节啄木鸟通常无声。啄木鸟多无社群性，往往独栖或成双活动。

Picus Viridis

Something Pretty in a Glass Case

· 第十四章 玻璃盒内好看的摆设

* 七十五年之前一位来自诺福克的博物学家曾说过，渴望拥有一样“玻璃盒内好看的玩意”是造成许许多多飞鸟被害的原因。尤其是那些珍奇美丽的，如果能让它们在我国生存下来，那就会对那些见到过它们的人会是无穷的乐趣。那些在河边散步的人谁没有过因为那颗鲜活的“宝石”，光彩照人的蓝色翠鸟在视野中突然出现从而产生又惊又喜的经验呢！这是所有那些渴望能在农舍的堂屋里看到，在长久没有蜡制花果的房间里的装饰品，是他们最喜欢的玻璃盒内好看的摆设之一。然而不仅仅普通平民百姓，农舍主人和乡村的酒店老板渴望有这样的装饰品。好多回在造访深宅大院时主人的陈设中首先吸引我的东西就是他的一个玻璃盒内的标本鸟，但是在大宅院中的游隼、燕隼、苍鹰和鹞要比翠鸟和别的好看的小鸟更珍贵。

*

我们知道市侩庸人到处都是，而且哪个阶级都有。

这些可悲的纪念品竟然被看作悦目的陈设，如同绘画、挂毯或其他装饰艺术品一样，在我看来简直是一种令人惊讶的事情。一栋房子里的一只标本鸟的模样使我反感，它伤害我们正常的感受，犹如见到妇女帽子上作为装饰的标本鸟和被杀害和肢解的鸟的翅翼、尾巴、头和喙一样地可憎。“严格地说”，圣乔治·密瓦特在他的最重要的作品中写道：“没有死的鸟这回事。”生命就是鸟，如果生命已经消逝，剩下的是盒子[①]。那些死的空盒，对我如同对任何博物学家是同样意味深长的，我可以饶有兴趣地审察一个博物馆陈列室中的标本。但一见到这些同样的死气沉沉的空盒，我的心情就改变了；标本师愈是把他模仿那活的生物而设置的作品做得愈精巧，结果就愈可憎。

也许在这些有玻璃眼睛的标本中残存有一点淡淡的生命的痕迹，这个说不清楚的朦胧的观念是我对玻璃盒中作为装饰品的鸟产生憎恶的原因。不管怎么说，我曾有过一次经验，可在这里讲一下，它几乎使我相信在标本中所谓“死后生命的观念”并不完全是幻想的，我想称之为：

死去的鸟（标本鸟）的对话

自从我来到这个最远的，凄凉寂寞的海岸，一直刮着大风。我好像不仅到了地之角，英国版图的尽头[②]，而是到了世

① 作者的意思是，空盒内的标本鸟已没有了生命，因此实际上是一只空盒。

② 指英国康沃尔郡西南部极端，一译地端岬。

界的尽头，到了天地出现的一片混沌的极限，这是一个各种自然力永远在冲突的领域。下午这段时间内，有两三次我决心戴上帽子和风衣到户外去面对风吹雨淋，结果被刺骨的烈风重新赶了回来。可在户内坐下来一小时一小时地倾听风雨怒号差不多也同样不妙。我不时地起身通过窗户探视外面不多的几栋孤冷的灰色农舍和空荡荡的荒凉田地，由光光的灰色石头筑的围栏所隔离，再过去则是浪沫飞溅，更寒冷、更灰暗、更凄凉的大海。我不知道，奋力寻路通过为浪花打松的海边花岗岩，可以听到激浪雷鸣般的吼声，比听房子周围风的永远疯狂的嚎叫是不是会更好一些？我战栗一下从窗户转过身来；雨哗啦一声打在窗户上抹去了窗外的景色；我再一次回到壁炉旁舒服的安乐椅。忍耐！忍耐！没有多久，我便对自己说——重复了多次——白昼会逝去；灯会点着，拉上窗帘，茶和抹上奶油的吐司以及别的美味的食品会随即送来。于是抽一斗能给人抚慰的烟丝，唤起回忆，享受愉快的清醒状态，把时间打发消磨。

这个梦想会是什么样的呢？噢，在这样的一天最好的梦可能是——一场春梦！在可爱的西部某地，我将站在一片山毛榉林中，时间会是四月末，在树叶大得够遮掩蓝天之前，洁白的浮云高高地在它们的顶上飘动。或许我将坐在一支巨大的树根上，那树根蜷曲如同一条老灰蛇，我选择这个地方，以便从容地注视我前方密密麻麻的紫红色枝柯和交错的小枝丫，上面布满着金色的幼芽和丝绸般鲜明嫩绿的伸展开的树叶，这种在地上和海上的碧绿生物都无与伦比，在地下的绿宝石矿也难以匹敌。我将会守望着树林上空斑尾林鸽求爱的飞翔，它飞得愈来愈高，用不动的灰色翅膀向下滑翔；我将倾听林鶺鸰的啼鸣，它老是在树梢闲游歌唱——唱那同样的、一贯的、热情又不热情的调子，让人百听不厌。

我不要求别的歌声，但那里还会有其他的生物。我眼前一只松鼠从一棵山毛榉魁梧的灰色树干滑下来，滑到靠近长满苔藓的树根，然后停留不动，好像是灰色树皮上一块松鼠模样的鲜艳的栗红色苔藓或地衣或藻类植物。在近处不远的下一棵树上，我将随即瞥见另一个倾听者和观望者——一只垂直地紧把着树干的绿啄木鸟，它纹丝不动，以致看上去像一只漆成绿色、金色和红色的木雕鸟。

就在我的梦想达到这个地步时，我从炉火上抬起目光，头一次专心地停留在壁炉一边墙上壁龛内挤在一起的装饰品上。当看到的这些农家装饰物照例引起我的反感，我养成不看它们的习惯；现在我被迫望着它们。有照片，小小的瓷花瓶和杯子，上面画着小爱神，以及其他这类玩意；我不关心这些；我的全部注意力集中在一对玻璃面的盒子和里面陈列的活的生物。它们不是真活而是死的标本，只不过设计成活的姿态。这些标本当中有一个是一只松鼠，另一个是一只绿啄木鸟。松鼠背对着它的邻居，在长有青苔的木头上坐起来，沿着背脊翘起蓬松的尾巴，它两只小爪子抓着一个榛子正往口中送。绿啄木鸟垂直地攀附着一根树枝，它的身体一侧对着它的邻居，头部则部分转向后者，一只眼睛直接望着松鼠。张大的白色玻璃眼睛和鸟儿的整个姿态，半展的翅膀和抬起的喙使它呈现一种高度警惕的神情，所以在目不转睛地注意地看它一段时间后，我开始想象，不管灰尘扑扑的羽毛又旧又死气沉沉的外观，还是有一点生命的意味残留在身体内，它确实非常专心地看着那只抓着榛子的邻居。

是呵，当然它是活的——活的而且跟松鼠说话！我可以清楚地听见它的声音。外面的风正猛刮着房子，想尽办法从窗户强行进来，发出一百种奇特的——些微有点尖厉的不连贯的响声，把窗外呼啸和尖叫的阵阵狂风中间的停顿填满，不知怎的，啄木鸟恰好用喙把这些细小的声音抓住，并且转化成语言。

“哈喽！”它说：“你是谁，在那儿干什么？”

“我是一只松鼠，”另一个回答：“我已这么反反复复地说过，可你还是继续让我不得安宁！我唯一的愿望是能把我的尾巴往右挪一点点，让你完全看不见我的脑袋和爪子才好。”

“不过，你没办法。哈喽！松鼠，你在那儿干什么？你忘了告诉我。”

“我在吃榛子，混蛋！你明明知道，我已告诉过你一万遍。我没法把它举到近得去咬它，我已经十七年没尝过它了。都忘掉那是什么味道了。”

“我明白。我自己也禁食那么久了，连一只蚂蚁蛋都没吃过！哈喽！你举到嘴边了吗？味道如何？”

“味道？你这个傻瓜！只要我能挪动我不在乎榛子；我会像一颗子弹那样对你冲过去，倘若我逮住你我要把你撕成碎片。我讨厌你。”

“你为什么讨厌我呢？松鼠。”

“更多的问题！因为你又绿又黄像我住的树林。那里有山毛榉和橡树。你的脑袋红得像我过去在秋天的林子里常找到的菌。我经常是为了好玩才吃它们，只因为别人说它们有毒，人吃了会死。”

“那就是你死亡的原因吗？哈喽！为什么你不回答我！你在哪儿找到红菌的？”

“我跟你说过，我跟你说过，我跟你说过，在我住的特列夫森林，离这里很远，在罗斯特维昔尔的另一边。”

“特列夫森林，在罗斯特维昔尔那一边的群山之间！好家伙，松鼠，那正是我住的地方呀。”

“所以我听说过，那是这十七年你日日夜夜说的。我讨厌你。”

“哈喽！你为什么讨厌我？”

“我一直讨厌啄木鸟。我记得有一对啄木鸟在我筑窝的附近一棵山毛榉上挖了一个洞。我跟这两只绿啄木鸟开过一个不小的玩笑，最妙的是在它们的雏鸟出窝的时候开的。一天早晨趁老鸟离巢不在时，我藏在鸟洞上头的树杈里，等雏鸟出来，爬到靠近我的地方，这时我突然蹦到它们身上，吱吱叫着还挥舞我的尾巴，它们害怕得抓不住树皮，立即摔到了地上。我多么开心呵！”

“你这个歹毒的红色小野兽！你这个喋喋不休的红色小魔鬼。那是我的小儿女，我记得我们回来看到发生了什么事情时那个心惊肉跳呀！幸亏我们没有丢失一个。我不会再跟你说话了。你坐在那儿吃你的榛子再吃十七年吧，假如这种可怕的生活还继续那么久，过一百年吧，但你绝不可能从我这里再听到一个字。”

“我以为那会打动你，啄木鸟！哈，哈，哈——那只绿啄木鸟现在成了谁？多么省心呵；到底我还是得以在这个人家把我放进去的玻璃盒里安安静静地吃我的榛子了。”

“他们为什么把我们放在这儿呢？”

“你跟我说话了；这一百年是不是过得太快？”

“没有别人——我怎么办呢？回答我，他们为什么把我们放在这儿？回答我，红色的小恶棍！现在我不管你过去干过什么——反正它们没有受伤。你不知道你那时干的什么——你自己没有儿女。”

“我没有，真的！我的小家伙就在附近的洞里。”

“要是它们在洞外你教它们爬上爬下，从一根树枝跳到另一根树枝，从这棵树跳到那棵树吗？”

“我从没有看见它们离开树洞——我挨了一枪。”

“那是在什么地方？松鼠。”

“在生长山毛榉的特列夫森林，在罗斯特维昔尔。”

“绝对不会吧！哎，那恰好是我住的也是我被打中的地方呀。你受伤了吗，松鼠？”

“我不知道。我看见火光一闪，就再不记得什么了，直到我觉得我死了，在一个人的口袋里，紧压着什么又湿又软的东西。你受伤了吗？”

“没错，伤得厉害。他枪一响，我摔了下来，想逃跑，但他过来逮住我，血流到他的手上。他在外衣上把血擦掉，用食指和拇指紧抓着我的腰部，直到我咽气，然后把我放在他的口袋里，袋里有什么温软的死东西。”

聊到这里，由于风暂时的平静谈话中断了。我专心地听着，但外面尖叫和哀号的声音停止了，室内尖厉刺耳的细声也随之消失。然后风又突然刮起来，又尖厉地呼啸，于是谈话重新开始。

“哈喽！”啄木鸟说：“你看见一个人坐在火旁看着我们吗？整晚他一直对我们盯着看。”

“那又怎么样！走进这个房间坐在火旁的人都这样。这不新鲜。”

“那是——那是！听我说，松鼠。他看上去好像在听我们说话并且懂我们说什么。这就不一样，不是吗？他的眼睛里有一种奇怪的神色。你明白吗？我想他要疯了。”

“我不在意，啄木鸟。如果他打算冲出去跑向地端岬的岩石投海自杀我也不管。”

“我也是。可是想一想，要是在冲出去结束他的生命之前，在一阵疯狂发作下，从壁龛抓起我们的盒子用他的脚跟踩进炉栅，我们怎么办？”

“你是什么意思，啄木鸟，这个事可能发生吗？”

“可能的，倘若他真的神志不清，又假如他在听着我们说话，而我们又使得他更糟，那是可能发生的。”

“我要相信这样的事才好呢？我就不会讨厌你了，啄木鸟。不，不，我没法相信。”

“想一想，老邻居，最后了结完蛋了，烧成烟和灰——你的羽毛和我的皮毛，玻璃眼睛，塞进去的棉絮和一切！”

“再也听不到没完没了的哈喽！讨厌你，讨厌你，告诉你一千遍一万遍，结果只不过一切又再来一遍！”

“在烟霭中远走高飞，到外面去，到外面去，经风雨！”

“雨！雨！”

“从西南方来的雨使我笑得最高！整天下雨，打湿我碧绿的羽毛，打湿罗斯维昔尔那一边的树林的每一片绿叶。雨下得直到在多石头的峡谷里都泛滥了，水一边流一边格格地响又大声咆哮，直到整个树林到处是这个声音。”

“不，不，啄木鸟，我没法相信。”

“那是真的！真的！你难道没看见大水汹涌而来吗？松鼠？瞧他！瞧他！喂，喂！完了！完了！完了！”

忽然间它们尖厉、激动的声音降为断断续续的低语，然后又归于沉默。风又平息下来了。仔细观察它们吧。我觉得可以看到它们凝定的玻璃眼睛中流露的新表情。那使我害怕，我开始对自己也害怕；因为我似乎感觉真的变得神志不清了，我突然产生一种强烈的愿望要抓住这两只盒子扔到炉里用脚踩碎。为了不让自己做出这种疯狂的举动，我一跃而起，拿起我的蜡烛，匆匆上楼回到我的卧室。我刚一进去，接着风马上又刮起来，比以前悲号呼啸得还更厉害，阵风之间夹有风在屋顶上的嘟嘟喃喃，奇异细小的声音。我再度听到了它们重新开始的谈话。“破灭了！破灭了！”它们好像是说：“我们最后的希望。我们怎么办呢？蹉跎岁月！蹉跎岁月！蹉跎岁月！”然后过一会儿调子改变了，有了问与答。“那是什么时候，松鼠！”接着一阵激烈的争吵，带有松鼠的谩骂，啄木鸟的“哈喽”和重新提出的问题，以及在罗斯特维昔尔那一边特列夫树林中的生活与死亡的回忆。

几小时之后我睡着了，我做着可以想象得到的最令人痛苦、最荒唐的梦，这是何等奇妙的事情呵！

一个梦是在人死后前往地狱时，是用装得满满的大篮子一篮篮送到标本师那里的。这些师傅们对自己的这行手艺非常熟练，他们把这些标本制成最完美的栩栩如生的状态，在眼眶里蓝色或黑色的玻璃眼睛睁得大大的，头发上了清漆以保持天然的颜色和有光泽的外表。他们被分别放在玻璃盒内以防止蒙上灰尘，盒子则成双结对地放在地狱豪宅墙上的壁龛内。豪宅的主人以这些陈列品为骄傲，他最偏爱的消遣之一便是坐在壁龛前的围椅内一小时一小时地倾听两个标本之间无休无止地争论，在争论中每个标本尽情发泄着对对方的恶毒但软弱无力的憎恶，咒骂对方的玻璃眼睛；与此同时他自己讲述他自己在原来的光明世界的幸福生活和经历，在他的教区和城市他是一个多么重要的人物，在他不幸被他们的主人服务的收藏家或猎场看守人逮住时，他过的是多么绚烂多姿的日子。

CIRL BUNTING

黄道眉鹀

鹀科鹀属的一种鸟类。体形和大小似麻雀；鼻孔半遮以短额须。一般主食植物种子。非繁殖期常集群活动，繁殖期在地面或灌丛内筑碗状巢。分布于欧洲。

CIRL BUNTING

· 第十五章 塞尔本[①]

① 英国汉普郡一乡村，因博物学家吉尔伯特·怀特（Gillbert White，1720～1793）的《塞尔本古迹与自然史》而著名，也是他的故乡，为纪念他英国建有塞尔本学会（1885）。

* 面部的第一印象对人类是非常重要的，既生动又执着，即使判断为不真实，长时期之后还会回过来慰问或揶揄我们。地点几乎完全一样，产生这类印象的一个根深蒂固的直觉的原因，是人。那些我们觉得亲切可爱的城市和乡村是为数很少的。对它们的记忆一直是如我们所爱的人一样美好温柔。那些使我们不能产生感情的就如同我们记起常去的某个商场的一群售货员的面孔一般，则为数很多。也许，更多的是那些在心头留下不愉快印象的地方。多半道理在于大部分这类地方是通过铁路接近的。首先见到的是车站，它没法跟城镇分开，而且总是一大堆丑陋的东西和不和谐的噪音的中心，因为如此熟悉反而更加厌恶。每到一个新的地方，我们出于本能会去找寻新鲜的东西，那些旧的景象和声音，它们看来不顺眼，听来不愉快！在这样的时刻对异乡人产生一种死气沉沉的泄气的作用；千篇一律的金属相撞，蒸汽机喷气，机械摩擦，沙砾压碎，乒乒乓乓，尖锐刺耳的噪音；同样大而难看的砖石，金属结构长长的月台，乱作一团的人和物，等待着的车辆，闪光的铁轨，没有尽头地伸展到远方，像远古一张巨大无比的蜘蛛网，成为化石露出地面，其中乳齿象一样的庞然大物就像许多被捕的苍蝇。从另一个方向走近一个城市——不论是骑马，驾车还是步行——我们可以比较清楚地看到它的较真实的面目，留下一个较好较持久的印象。

*

塞尔本是慕名而来者有幸看到它没有火车站的名乡之一，不论从哪个方向接近，这个地方本身它的特征和面貌都可清楚地辨识出来；换句话说，你看到的塞尔本，没有一处是用砖和金属的外围和遮障物；甚至没有一处多余的地方，一个赘疣，使它的美丽的风光显得讨厌，在村子数英里的范围之内有一座车站。我从一条不同的道路走近，在步行十五英里的终点看到了它。先一天晚上雨就开始下起来了，当天早晨我从借宿的小客店的卧室窗户向外望，雨依旧在下，就我视野所及，平坦的地面到处都有一汪汪积水，整天雨从铅灰色天空持续下个不停，天幕这么低，只要有树的地方好像几乎要碰到树梢，而在我左方远处的山峰，显得像大块模糊不清的云雾。这条大路延伸越过一片平坦的高沼地，它既直又窄，但我不得不循着道路走，因为若偏离一步便会踩进水中。我一英里一英里艰难地行进，一个人也碰不到，举目也看不见一栋房子——一个沉寂、濡湿、缺乏人烟的乡村，大树和灌木都站在水中，没有一丝微风把它们摇动。只有经过长时间的间隔才可听到一只金翼啄木鸟发出它稀疏细微的鸣声。因为这种鸟恰恰在最闷热的天气下啼鸣，而其他的鸟类在这时却保持沉默，所以它才会在最阴沉的日子唱出它的单调的歌声。

也许因为法伯尔[1]曾歌咏过“雨中黄色的金翼啄木鸟”我才长期把法伯尔列为我最喜爱的十九世纪的重要诗人之一。在我们的诗人中，法伯尔曾经单独恰当地赞扬过这位“歌手”，它从不停止歌唱，而是“喜欢自己单调”的歌声，把雨水抖落，在夹杂着一丝忧郁的情绪下继续唱下去：

雨中他待在那儿，
一再奏他的曲调，
自得其乐。
他坐在这场大阵雨的中心
如同在一个隐秘的凉亭，
在周围张起帘幕；
部分由于职责，部分出于舒畅，
他敲弹着，好像没有他
雨不能落到大地。

我记得威廉·埃莫斯特·亨利[2]一次由于我就我们的诗人对待飞鸟的态度和忽视我们许多可爱的鸣禽的问题，提出了一些嘲弄性的意见而严厉地指责我。在我们的通信中他询问我有关黄胸鸦的问题，它是一位活泼的歌手且和金翼啄木鸟

① 弗列德里克·威廉·法伯尔（Frederick William Faber，1814～1863），英国诗人。
② 威廉·埃莫斯特·亨利（William Emest Henley，1849～1903），英国诗人与编辑。

是嫡表兄弟；在我向他提供充分的资料后，他告诉我有意为这种鸟写一首诗，同时他也会成为讴歌黄胸鹀的第一位英国诗人。

他从未写出那首“部分由于职责，部分出于舒畅”的抒情诗；他那时已接近生命的尾声。

回到我的步行上来。最近这里乡村的面貌改变了；代替灌木丛生的褐色荒原，以及枞树和荆豆，生长出令人愉快的欣欣向荣的青草和落叶树，那条笔直的大路向纵深发展，变得曲折起来，时而穿越群山之间，时而挨着树林和田地及牧草地而过。最终，浑身潮湿且又劳累不堪的我到达塞尔本——这个偏僻而名声如此之大的汉普郡村子。

对许多读者来说，把这个地方描写一番似乎多余。他们非常熟悉它，即使没有亲眼见到；小小的，古老的村庄，在一座长而陡的堤岸似的山冈，也就是汉格尔山的山麓，山毛榉覆盖着它一直到山顶如同一片绿云，弯弯曲曲的街道，普列斯托尔，亦即村里的公有草坪，中心有一棵老树，树干周围有一条长凳，以备老年人在夏天黄昏坐着歇脚。紧挨着，是一座灰色的年代久远的教堂，以及附属的教堂墓地，它的宏伟庄严的老紫杉树，头上是一群雨燕，围着四方形的钟楼互相追逐，一边欢乐地尖声叫嚷。

我的背囊里没有《塞尔本自然史》这本书，也不需要它。看到塞尔本的雨燕，我想起一百二十五年以前，吉尔伯特·怀特写到一个夏天又一个夏天，生息在这个乡村的雨燕数量总是没有变化，约有八对。如今在教堂上空飞来飞去的雨燕是十二只，此外我没有再见到。

倘若吉尔伯特·怀特从没有在这里生活过，或从没有跟本南特和戴恩斯·巴林顿通过信①，那么塞尔本就绝不会给我它是一个景色美丽多姿，风光十分宜人的小村的印象，我也永远难忘它是我在漫游英格兰南部旅途上遇到的最迷人的地方之一。但是我不断想到怀特。这个村子本身，它周围的风景的每个特点，每样东西，有生命的或无生命的，每一个声音，在我的心目中都跟那位默默无闻的乡村牧师联系起来，他淡泊名利，“一个沉默寡言的人，没有害人之心——不，丝毫也没有”，如一次他的一个教区居民所言。在塞尔本——借用古怪的老尼古拉·古尔培伯的一行诗的意思来说吧：

每棵草上都印着他的形象。

怀着强烈的兴趣我守望着雨燕在空中飞快地穿行，聆听着它们尖锐的叫声。所有的鸟儿都一样，甚至那些最普通的——知更鸟、蓝山雀、毛脚燕和麻雀。黄昏时，我一动不

① 托马斯·本南特和戴恩斯·巴林顿二人与怀特的通信是《塞尔本自然史》成书的基础。

动地长时间站着专心地观望一小群金翅雀安顿下来在一排榛树树篱中栖息，时不时它们因我的在场显得不安而扑翅飞向最高枝。在树梢背衬着淡琥珀色的天空上，它们的形状看起来几乎是黑色的，同时发出拉长的金丝雀似的惊惶的鸣声。惯常的那种纤细柔和的音调此刻增添了更多的意味——来自遥远的过去的意味——使人回想起一个人，对他的怀念体现在鲜活的身影和声音中。

这一感觉的力量和执着具有奇异的作用。我开始似乎觉得，在一个世纪前去世的这个人，他的书简已成为几代博物学家最喜爱的书，虽然他已不在世间，在某种神秘的形式上却依然活着。我费了好长一段时间在高高的蔓草中寻觅他的纪念物，被发现时，却是一块不大的墓碑，我不得不跪下来，拨开半掩着它的荒草，恰像为了要看清孩子的面孔从他的脑门把乱发向后推，墓石上姓名下镌刻着他逝世的年代——“1793”。

自然爱好者是幸福的，如怀特一样，不管声誉如何，得到安息，不让沉重的石头压挤，享受到阳光和雨露可爱的照拂，甚至野生鸟类的鸣声可以深入到他狭窄的卧室，使他的遗尘得到欢乐。

有一种观念认为一个人死了，他并未完全死去，或许这有点道理；这就是说，他的世俗的，属于智力的那部分是属于尘世的，不能飞升；是生命留下的残余，像一种久已泯灭的芳香物留下的香馨；或者也许是弥留的人散发的香味，以后扩散开去，跟自然的元素相结合，也许是无意识的然而是有感应的，也就是说由于一种强烈的引起共鸣的氛围，有可能恢复生命，使之成为有意识的东西和种种愉快的情感。在塞尔本，这不像是纯粹的想入非非。在村子里溜达，在公园似的威克斯园徜徉或考察汉格尔山，或当我坐在墓园紫杉树下的长凳上，或轻轻地穿过草地走回去再看看镌刻在墓碑上的G·W这两个字母时，总有一种似乎我身边有东西隐隐约约存在的感觉。那仿佛像一个人有时闭眼静静躺着时，觉得有人在身旁轻轻在移动。我开始想倘若那种敏感的感觉持续一段十分长的时间而力量又不减弱，它最终会让人相信煞有其事。这种相信有此感受将意味着交流。不仅如此，在我们也许会终于相信一件事情的想法和信念之间实际上并无分别。我开始思考我们准备讨论的题目。主要的一个无疑跟本地区的鸟类生态相关。关于杜鹃有一些新的材料；自十八世纪末以来观察家对那种鸟曾经发现“一个又一个奇闻”。这里还有一个值得探讨的微妙题目——燕子的冬眠——一个无法避开的问题。对于听到这种说法的人也许有点失望。作为一个确定的事实，我们的燕科鸟类中没有一种是在不列颠群岛越冬的，像榛睡鼠一样熟睡。但是还有说法称这一有争议的问题并没有完全过时，这对上述失望的人来说不失为安慰。至少有两位写英国鸟类的广受欢迎的作家大胆发表过这一看法，我们以为的候鸟，有的确实在冬季“在家休养”。这个话题所显示的趣味性将会吸引人们老是去思考它。我想稍微提一下一位在国外的英国博物学家最近的发现。在南半球一个气候温和的国家里，有一种小型的燕科鸟藏身在厚厚的如茵的草丛内，在一段寒冷的天气下保持蛰伏的状态。我们现在已拥有关于燕子的了不起的专著，其中描述一种美洲燕——紫毛脚燕的情况。某些年代里，在它于早春抵达加拿大后接着严寒的天气到来；在这样的时候这种鸟儿在它们营巢的洞穴里躲避，以半蛰伏的状态紧挤在一起，有时候长达一星期至十天，直到天气转暖和，这时它们复苏，如以前一样活跃而生气勃勃。据说这类燕子都保持着到目前为止鲜为我们知道的习惯和能力。非常实诚地说，这会迫使我们补充说到这位存在争议的专著作者，他是目前健在的第一位鸟类学家倾向于相信有的燕子在某种情况下确实有冬眠的现象。

对此我竟然体验到一种奇异而几乎令人震惊的感觉，好像我那看不见的同伴的无形的手拍在了一起，接着发出一声呐喊——一声胜利的“噢！”

对塞尔本教区和南部地区鸟群的变化一般有许多话可说。为数不多的小型物种——锡嘴雀、戴菊莺，要比他在世时见得多。但是关于大多数大型鸟类就必须谈谈它们非常不同而可悲的情况。不仅蜂鹰自一一八〇年以来从未回到汉格尔山的山毛榉上营巢，而且其数量在全英格兰各地继续减少以至现今已绝灭。渡鸦作为一种在内陆繁殖的物种已在英格兰消失。现时也不能说“靠近布莱特赫姆斯通广袤的丘陵地带有鸨”，甚至联合王国的任何地方也不存在。南丘陵地带的自然条件没有变化，路威斯周边地区依然有漂亮的驿道和景色，但如今你在秋天到林梅尔旅行却见不到鹞和鸢，因为这两种鸟已经消失，你也见不到红嘴山鸦在比契海德的沿整个苏塞克斯海岸育雏。同样必须提及鹌鹑的灭绝以及其他过去一度丰富的物种日渐减少，例如石鸻和白腰杓鹬，甚至白鹗，它不再在它的旧育雏地——塞尔本教堂的屋檐下栖身。

最终，在把这些以及其他许多一度吸引他的注意力的问题，和这么久远之前他奉献给世界的那本小书讨论之后，还剩下另一个题目需要提及，为此我觉得有点不好意思，那就是——在写动物生活和大自然的新老作家之间，在态度上，或许还有感觉上的显著不同。这个题目对他来说是离奇的。在涉及细节时他对现代作者在对待野生动物和大自然的审美方面的倾向，几乎达到一种激情，这实在令人惊讶。这一新的精神会使他觉得有点奇怪和异乎寻常，好像这些作家首先是画家或者园林学家，他们作为博物学家保留了追求别具一格的诗情画意的习惯。他还会进一步指出我们现代人比过去的作家更易动感情，或者，总而言之，较不含蓄。毫无疑问，他愿意说，我们深入自然王国的探索者在我们自己身上产生一种了不得的愉快，在性质上跟别的快乐不同，或许胜过大部分别的；但这种感觉难以界定，也无法追溯到它的根源，大概因为是作为秘密使人满足的东西才给予我们的。倘若我们出于好奇想知道它的重大意义，我们可不可以把它看作我们精神性质上的某种附属物——一种辅助的意识，一种不公开的自信，在我们对天地间奇妙的创造物的全部探索中，我们是按照一个不言而喻的指令而行，也就是说归根结底是跟神的意志一致的呢？

太妙了！这就是我的解释，可能对十八世纪的人来说这个解释会证明是令人满意的。要说点什么以辩护在我们的书籍和方法中，对他显得是新奇的东西，令人遗憾的是说起来挺难；因为不仅表述是新的，而且观点是心里的想法。我们像过去一样受到事实的束缚；我们越来越辛勤地去探索，认识到撇开事实就要被徒劳的想象所卷走。反正一样，事实本身对我们无所谓；它们只不过在它们跟其他的事实和事物的关系上——对一切事物，事物的本质，物质的和精神的——是重要的。我们不像海滩上采集斑驳的贝壳和小圆石的儿童；但无论我们明不明白，我们是在追求知识之外和之上的某种东西。我们所流连忘返的荒野并非我们的家园。它的草木、根株、果实滋养我们，给予我们前进的力量，这就够了。智力方面的好奇心以及个人对唯一的目的的满足，并不如我们设想的那样，在这个事物的格局中是没有位置的。在全部探索中心灵跟头脑在一起行动——这一真理有的人在难得的美好的间歇时认识到了，别的人则永远没有；但我们所有的人在同时一直忙于工作，像千千万万群居的昆虫从事建设一个从来未有计划的社会结构。也许我们对我们的命运并不是完全没有意识到，如一百年前耐心的事实收集者那样。即使在一个短短的世纪内，黎明也更接近了——东方淡淡一抹苍白的晨曦像美酒一样使我们兴奋。无疑我们更加意识到许多东西——大自然的长度、广度和深度，既在内部也在外部，过去时代的博物学家简直没有梦想到的，地球上的协调性[①]，最低级的微生物也不能排除在外。我们不再是孤立的，像天外来客站在一个山顶上从外部眺望生物；而是在同一层次上，是它们的一小部分；如果生命的奥秘每天深化，那是因为我们更近地观察它，眼界也更清楚。我们时代的一位诗人曾说：在最卑微的小花中我们可以发现“常常隐藏着深得泪水表达不出的思想。”[②]诗人和预言家在这一点上是不孤单的，他表达了所有那些由于广阔的知识，且在内心怀有对大自然的热情，不论是为了知识或者灵感走向大自然的人的共同感情。考虑到在本世纪已经发生的一切并改变了当前人们的思想，应该是在近年的文学中出现某种新的精神，一种在以前的时代里不可能滋荣的同情感，这是用不着奇怪的。新

① 原文为UNIFY，有统一、协调、整体等含意，从生物学角度看，或可理解为共性，共栖现象。

② 出自威廉·华兹华斯《咏幼年回忆中永生的暗示》。

的知识不仅在我们的头脑中已起了作用，而且已经进入了，或者说最终正进入我们的灵魂。

因为在我的辩解中已走得这么远，想到我探讨的题目是多么的博大精深，一种绝望的感觉压倒了我。回顾过去，自从把新的因素引进到思想中以来，似乎为时不长，“激烈的潜移默化”，归根结底，“会永远把所有的人心潜移默化”。但时间实际并不是那么短促；这最初遭到大批人轻蔑尖刻地拒绝。它费了多年——一代人的岁月——来克服强烈的反感和愤恨，然后才接受。即使如此，它已造成一个巨大有力的变化，只不过是在头脑，随后会产生感情的变化，也许吹嘘它为时尚早。我如何向他揭示这一切呢？我谈过的只是一篇绪论——一个序曲和为下文准备的笔记——故事本身要比老水手告诉婚礼的客人的[①]长得无限多，也更加奇妙。这是一个不可能完成的任务。

在沉默的间歇后，对充满苦闷的我，预料中的不同意见大概会出现。

我曾告诉他，他不是说得过多就是太少。无疑，自从他在世的时候起，知识已经大大地增加，然而从我稍许谈过的燕子的冬眠或蛰伏的情况判断，就动物的生活和语言来说还是有东西可学。现代有关自然书籍的性质变化，我已对他谈

---

① 指英诗人柯尔立奇的叙事长诗《老水手之歌》，诗中人物老水手对参加婚礼的客人讲述他在海上遇难漂流的故事。

过，所引用的片断说明——朝着这一题目更加富于诗情画意和感情描述的方向的变化——他，从远处观察，会倾向于把这看成仅仅是时代的一种文学时尚。任何前所未见的如此重要的事情陆续发生——以致改变人们的思潮，给予我们有关自然的统一性和对待低等动物的关系的新观念——他都无法理解。必须记住人类在地球生存约莫五十至六十个世纪了，自文字被发明以来人类便记录了他们的观察。事实的增加，在数量上整体说来是逐渐而不断的。以杜鹃为例，大约两千年前，亚里士多德对它的习惯作了相当准确的记载；然而就在非常近的近年来，如我已向他提到的，有关这一种禽鸟的繁殖的新情况终于曝光。

在短促的间断沉默后我开始意识到他身上发生的变化，好像云雾消散了——在我尘俗的眼睛看不到的他的面貌上露出了平静的微笑，他接着说："不，不，你向我提出了对你的观点质疑的答复；你的道理——原谅我这么说——给我的印象是多少有点狂热的。我指的是你对所知微不足道的塞尔本教区史的赞扬。听到你说这本小小的拙著依然有这么好的声誉使我满意，我对现代博物学家的想法甚至更加高兴，他们到塞尔本来旅游，对我的纪念是给我捧场；不过假如像你相信的那样，人的头脑既然发生了这么一种伟大的变化，同时假如他们对大自然做出了某种新的阐释，那么我仍旧拥有许多读者就肯定奇怪了。"

现在轮到我微笑了——一直在笑——接着是沉默。这样随着这朵小小的浮云的散开，谈话告一段落。双方分手各走各的路，一个人重新被灰色的石头和高高的蔓草、古老的紫杉树、林木森森的汉格尔山所容纳；另一个人则继续向邻近的教区里步行而去，他一边行走时一边几乎欣然相信这次晤谈确有其事。

剩下来的就是补充说明我的笑容原本是针对著名的《书简》的某些现代编辑们，而不是针对我的对话者的。他们对吉尔伯特·怀特的小书和“生命力”感到惊讶，却找不到理由。为什么这本所谓的“乌蛤壳”一般的小书会喜洋洋地克服惊涛骇浪送到我们手上，而这么多的勇敢的“三桅船”却被风浪颠覆。文体是清晰可爱的，但一本书不能仅仅因为它文字写得好而传世。它没有废话全是事实，但那些事实是经过检测和筛选的，一切值得保存的材料已被发现结合进几十部论述自然史的权威性作品里面了。我愿意虚心地提醒关于这一点毫无什么秘密，《书简》的主要魅力在于作者的个性，尽管他谦虚又节制；他的精神在每页都闪耀发光；世人都不愿让这部小书湮没，不仅因为它小、写得好、充满有趣的材料，而主要因为它是一部人类可爱的文献。